수정판

Science Research Writing
For Non-Native Speakers of English

유학생 및 과학자를 위한 영어논문 작성법

Hilary Glasman-Deal
역자 : 김성철 · 진병문

청범출판사

ICP Imperial College Press

Published by

Imperial College Press
57 Shelton Street
Covent Garden
London WC2H 9HE

Distributed by

World Scientific Publishing Co. Pte. Ltd.
5 Toh Tuck Link, Singapore 596224
USA office: 27 Warren Street, Suite 401-402, Hackensack, NJ 07601
UK office: 57 Shelton Street, Covent Garden, London WC2H 9HE

Library of Congress Caraloging-in-Publication Data
Glasman-Deal, Hiliary.
Science research writing for non-native speakers of English/by Hilary Glasman-Deal.
p.cm.
Include bibliographical references.
ISBN 978-1-84816-309-6 (alk. paper) -- ISBN 978-1-84816-310-2 (pbk : alk. paper)
1. English language--Technical English--Handbooks, manuals, etc. 2. Technical writing--Handbooks, manuals, etc. 3. English language--Textbooks for foreign speakers. I. Title.
PE1475.G57 2009
808'.0665--dc22

2009043016

British Library Cataloguing-in-Publication Data
A catalogue record for this book is available from the British Library.

서 론 : 이 책의 활용법

"사실들은 가능한 한 간략하게 만들어져야 할 필요가 있지만 더 간략해 질 필요는 없다."
—앨버트 아인슈타인

이 책은 누구를 위한 책인가?

이 책은 영어권이 아닌 나라의 과학 연구자들이 영어로 논문을 쓰고자 할 때 도움이 되고자 하는 책이다. 이 책은 또한 비영어권의 석사나 박사 과정 학생들이 영어로 학위논문을 작성하고자 할 때에도 도움이 되도록 한 것이다. 이 책은 이론적인 설명을 주로 하기 보다는 보다 실질적이면서 연구자들이나 과학자 스스로가 독학으로 학습할 수 있도록 만든 속성용 교재이다.

이 책의 영어 활용 능력은 중간이나 그 이상인 사람들을 대상으로 한다. 만약 당신이 IELTS 시험(International English Language Testing System; 영국문화원, 캠브리지 대학 그리고 호주대학연합이 만든 시험으로 초보(1.0)와 전문적 사용자(9.0)의 9단개로 등급을 매긴다)을 쳐 본 경험이 있다면 그 성적이 6.0 이상인 사람 정도를 겨냥한 것이라 보면 된다. TOEFL 시험 성적으로는 550점 이상이거나 IBT인 경우에는 91점 이상이면 충분하다. 그러나 이 책을 사전 없이 읽고자 한다면 모든 단어를 이해하지는 못하더라도 가능은 할 것이다.

왜 이 책이 필요한가?

과학적 연구의 목표는 그 결과를 출판(publication)하는 것이다. 훌륭한 과학자라고 항시 좋은 글을 쓸 수 있는 것은 아니며 심지어 영어 원어민이라 할지라도 그 결과물을 논문으로 작성하고자 할 때 어려움을 느끼기도 한다. 이 책의 목적은 당신이 필요로 하는 어휘나 논문작성 기교 등의 정보를 신속하고 쉽게 제공하여 시중에서 볼 수 있는 일반적인 저널의 양식이나 구조 등을 확신을 가지고 작성할 수 있게 도와주는 것이다.

과학 연구자들은 자기 전공분야의 복잡하고 난이도 높은 내용들은 읽고 이해 할 수 있다. 그러나 그들이 읽어서 이해한 것과 동일한 난이도의 내용을 영어로 작성하는 일에는 많은 어려움을 느낀다. 당신은 자신의 영작 실력이 연구결과를 정확하고 효과적으로 표현한다고 생각하지는 않을 것이다. 이 책의 목표는 독해력과 논문 읽는 법을 통해 연구결과를 영작하는 기술을 개발하기 위한 것이다.

당신 자신의 결과를 글로 표현하는 것이 국제 과학협의체에서 소통할 수 있는 유일한 길이다. 영어 원어민에게 의존하여 번역만 한다면 그 번역 결과는 당신이 의도하는 바를 정확하게 표현하지 못할 수도 있다. 영어를 교정해주는 사람(proofreader)에게 부탁하더라도 논문에 들어있는 잘못된 부분을 찾아내지 못할 수도 있는데 그 이유는 문법적으로는 틀림이 없더라도 당신이 원하는 바가 잘못 전달될 수 있기 때문이다. 또한 영어 교정자는 당신이 작성한 논문이 통상적인 연구논문 형식에 적합한지 여부를 지적하지 못할 수도 있다. 예컨대 당신이 택한 연구방법의 정당성을 잘못 표현하거나 원래 의도한 바와 연구결과가 어떤 관련성이 있는가를 잘 설명하지 못한다면 과학저널의 편집자가 당신의 논문이 전문적이지 못하다고 판단하여 게재불가(reject)를 통고할지도 모른다.

연구 논문을 작성하고 출판하는 일은 당신의 경력을 신장시키는 최적의 길이다. 당신의 학위논문이나 연구결과물을 유용한 투고논문으로 만들 수 있다면 당신의 경력(curriculum vitae)은 즉각적으로 훨씬 더 전문적으로 비춰질 것이며 국제적으로도 더 많은 경쟁력을 갖게 될 것이다. 영어 능력을 향상시키려면 많은 시간이 필요할 것이라 생각할지도 모르지만 당신은 이미 수년 동안 논문일기 과정을 경험하면서 논문 쓰기에 필요한 대부분의 요소들을 다 익혀두었다. 연구결과를 출판하기 위해 영작을 할 때 현재 당신이 알고 있는 것보다 더 많은 영어를 배울 필요는 없다. 영어로 과학논문을 작성하는 방법은 의외로 쉽다(Science writing is much easier than it looks).

대부분의 과학연구결과는 아주 정형화된 형식을 따른다: 처음에는 제목(title) 그리고 초록(abstract)과 서론(introduction)이 나온 후 어떤 일이 이루어졌고 무엇을 발견했는지를 설명하는 본문(central section)이 그 다음에 나온다. 마지막으로는 토론 및 결론(discussion and/or conclusion)이 실린다. 논문의 맨 마지막에는 감사의 말씀(acknowledgement)과 참고문헌(references)이 실린다. 이런 연구 논문의 구조는 이미 모든 연구자에게 아주 공통적으로 인식되어 있다.

과학논문 작성은 매우 정례화 되어 있으므로 당신이 배워야할 문법이나 어휘는 그리 많지 않다. 과학논문에서 사용되는 비기술적 어휘는 상당히 제한적인데 예컨대 시도하다(attempt), 해석하다(interpret), 평가하다(evaluate), 결정하다(determine), 암시하다(implement), 수식화하다(formulate), 분류하다(classify), 연관시키다(correlate), 강조하다(enhance) 등과 같이 일종의 코드처럼 사용이 된다. 당신 분야의 전문용어를 제외한다면 논문작성을 시작하는데 필요한 모든 어휘들이 이 책 속에 다 들어 있다.

이 책에서 무엇을 배울 것인가?

이 책은 당신의 전공분야에서 과학논문을 작성할 때 필요한 논문의 뼈대구조(convention of structure) 및 구성(organization) 그리고 문법과 어휘 등을 어떻게 찾을 것인가를 보여줄 것이고 이렇게 익힌 기술을 이용하여 동일한 방법과 동일한 수준으로 여러 가지 논문을 작성하는 자료를 제공해줄 것이다. 이 책은 전문 학술지에 투고 가능한 논문으로 당신의 연구결과를 어떻게 바꿀 수 있는지를 알려 줄 것이다. 이 책에 나오는 대부분의 정보를 사용할 수 있을 것이며 영어로 논문을 쓸 때 필요한 모든 언어와 어휘를 사용할 수 있게 될 것이다.

저자는 30년 이상의 세월동안 과학도들에게 학문적 목적으로 영어를 가르쳤다. 과거 15년 동안은 런던의 임페리얼 대학에서 〈영어 원어 보조 프로그램〉 과목을 통해 연구논문 작성법을 가르쳤다. 그 대학에서 저자는 학술논문이나 졸업논문을 작성하는 학생이나 스텝 개개인과 밀접한 관련을 가지면서 근무를 하였었다. 그 과정에서 저자가 배운 가장 유용한 방법들에 기초하여 이 책을 만들었다. 당신의 언어적 기술이 완전하지 못하다면 당신의 정보를 가장 보편적이 언어를 이용하여 가장 보편적인 방법으로 잘 정리해 두는 것이 매우 중요하다. 당신이 잘 알려진 형식에 맞추어서 논문을 작성한다면 독자들은 이미 그런 형식에 익숙해져있기 때문에 당신이 하고자 하는 일을 잘 알 수 있다. 그러므로 언어적인 실수들은 그리 중요하지 않다. 간단하고 정례화되어 있는 형식에 기반을 두어 논문을 작성하는 연구자들은 머지않아서 더 높은 수준의 독립적이면서 전문적인 논문작성법을 개발하게 될 것이다. 반면 고전적인 형식을 따르지 않는 연구자들은 이런 기교를 개발하는데 어려움을 겪게 될 것이다.

이 책은 어떻게 구성이 되어 있는가?

이 책의 전략을 요약하자면 다음과 같다. 당신이 작성하고자 하는 논문의 종류를 잘 선정한 후 이 예제에 나오는 구조와 문법 그리고 어휘 등을 규명하고 통달하여 당신 자신의 논문작성에 이를 활용하고자 한다.

이 책은 다섯 가지 단원(units)으로 나뉘어 있는데 각 단원에서 하나의 연구논문을 예로 다룬다. 단원 1은 서론(introduction), 2는 방법(methodology), 3은 결과(results), 4는 논의와 결론(discussion and conclusion), 그리고 5는 초록과 제목(abstract and title)에 대해 언급한다. 이 책의 목표가 당신이 전형적인 방법으로 논문 작성하는 기술을 향상시키는 것이므로 각 단원은 그에 해당하는 논문의 절(section)들이 어떤 형태를 갖추는지를 찾아낼 수 있도록 도와주도록 설계되어 있다. 각 단원에는 그에 적합한 문법과 작성법도 제시되어 있으며 적절한 어휘들을 선정할 수 있도록 안내를 해 줄 것이다.

각 단원(unit)은 유사하다. 예컨대 서론 단원은 일반적인 과학 논문의 개요와 유사한 연구 논문의 개요 부분을 예로 들어 시작한다. 그런 후 자주하는 질문(FAQ) 코너에서는 문법 및 작성 기법(grammar and writing skill)란을 추가해 두었다. 당신은 전공분야에서 열심히 공부를 하기 때문에 문법 공부에 그리 많은 시간을 할애할 수 없을 것이므로 문법 및 작성 기법란에는 아주 소수의 문법 예만 실어 두었다. 어떤 경우라도 문법 연습에서 정확한 답을 할 수 있다하더라도 이것이 훨씬 더 복잡한 주제에 대한 논문을 작성하고자 할 때 문법문제가 자동적으로 해결이 된다는 의미는 아니다. 정확한 해답을 찾게 되면 일단 당신은 안심을 하게 된다.

문법 및 작성기법란을 마친 후에 예시된 서론을 이용하여 서론을 작성할 기본 모델이나 틀(template)을 만들게 된다. 그런 후 모델 설명자(descriptor)를 제공하는 세부적인 실마리(key)와 질문에 대한 답과 논의를 하게 된다. 이 부분은 실제 개요에 적용 가능한 핵심적인 요소들을 포함하므로 이 모델을 이용하여 실질 논문작성에 어떻게 적용되는지 알아볼 수 있다. 핵심요소들은 모델을 성공적으로 조정하는데 도움이 되도록 사용이 될 것이다. 그런 후 단어(word)와 구(phrase)가 사용되는 예와 함께 유용한 어휘들의 목록을 실어 두었다.

현재까지 당신은 개요에 대한 확고한 모델, 발생 가능한 문제를 해결해 줄 문법 안내, 그리고 이 모델이 제대로 역할을 하게해줄 유용한 어휘 목록 등을 갖추었다. 단원 1의 끝에서는 서론을 직접 작성해봄으로써 당신이 배운 내용을 시험해 볼 것이다. 이 작업을 마치면 당신은 모델, 문법/작성기법 그리고 어휘를 함께 적용할 능력을 갖추게 되어서 완벽한 서론을 거의 자동적으로 당신 스스로 만들 수 있을 것이다. 그러므로 〈서론〉의 제일 마지막에서 당신이 배운 내용을 시험해 본다: 모델과 어휘목록을 이용하여 개요를 작성해보고 이를 실마리(key)에 나와 있는 표준 답안과 비교해본다.

이런 작업을 단원 1의 제일 마지막까지 반복된다. 이 책은 전체에 걸쳐 각 작업을 동일한 방법으로 되풀이 할 것이다. 이런 작업을 생략하고 이 책을 읽는다면 어떤 작업을 해야 할지는 이해하게 되겠지만 실제 작업을 하기에는 좀 어려움이 따를 것이다.

이 책 외 다른 자료나 책 들이 필요할까?

필요는 없다! 그러나 시작하기 전 평소에 즐겨보는 당신 전문분야의 최근 연구논문 3-4편을 모아두어라. 이들 자료는 당신이 여기시 배워서 직접 작성한 논문과 비교하는 모범사례가 될 것이다. 그리고 이를 참고로 하여 당신 연구 분야에서 지금 배운 내용들이 어떻게 적용이 되고 있는지를 참조하는데 도움이 될 것이다. <u>일반 책의 각 장(chapter) 구조를 참고로 하지는 말아라</u>. 그들은 연구논문의 전통적인 구조와는 다르므로 당신이 전공분야에서 연구논문이나 학위논문이 어떻게 작성되는지를 알아보는데 도움이 되지 못하기 때문이다.

참고용 연구논문은 아래의 내용을 포함하고 있어야 한다:

- 영어 원어민이 운영하는 기관에서 근무하는 연구자나 연구원들에 의해 작성된 논문.
- 그래프와 표(table)을 포함하여 A4 용지로 14장 이내로 작성될 것.
- 당신 자신만의 것이고 당신이 연구한 내용과 가능하면 가까운 주제 선정.
- 명확하게 정의된 서론, 방법, 결과 및 토론/결론 란(section)을 가질 것. 이런 란들을 잘 구분하여 작성하면 논문을 손쉽게 작성할 수 있다. 그러나 이런 부 제목들의 위치는 연구 분야가 달라지면 바뀔 수 있으며 같은 분야라 할지라도 저널의 종류에 따라 약간씩 차이가 날 수 있음을 유념하기 바란다. 예컨대 방법(methodology)란이 때로는 '절차(procedure)', '재료와 방법(materials and method)', '실험(experiment)' 등으로 바뀌기도 한다.

:: 역자 서문 ::

동양의 과학이 서양에 비해 많이 추격을 하긴 했지만 그래도 여전히 서구문명에 비하면 부족하다고 할 수 있다. 아직도 많은 서적들이 지속적으로 영어권 사람들에 의해 주도가 되고 있기 때문이다. 우리는 지금도 연구결과들을 외국의 유명학술지에 투고를 해야만 국제적으로 인정받는 시대에 살고 있다. 서로 사용하는 언어가 달라 생길 수 있는 오해의 정도를 이 책으로 인하여 조금이나마 줄여주게 되길 바라는 마음에서 이 작업을 한 것이다. 비영어권 사람들이 영어권 사람들의 사용하는 언어와 미묘한 차이점을 잘 이해하지 못한다면 정확한 자기 의사전달이 어렵다는 것을 이 책을 읽어보면서 느꼈다. 연구결과가 좋은 것도 중요하지만 자기가 힘들게 연구하여 만든 결과가 다른 사람들이 이해하지 못할 뿐 아니라 본인의 실수로 전혀 엉뚱하게 오해를 할 수도 있는 것이 언어장벽이다.

이 책은 비영어권 사람들이 영어권 학술지에 논문을 투고하고자 할 때 한 번쯤은 필독해둘 필요가 있는 아주 유용한 책이라 생각된다. 미묘한 단어의 순서나 전치사 하나의 잘못된 사용으로 인해 완전히 다른 의미가 되는 것이 영어표현이다. 이는 우리가 영어권에서 생활을 하지 못하기 때문에 생길 수밖에 없는 사실이다. 하지만 우리가 영어권에 우리 연구결과를 알리지 못한다면 그 또한 우물 안 개구리 신세가 되기 때문에 자기의 연구결과를 잘 포장하여 그 본뜻을 제대로 전 세계의 연구자들에게 알리기 위해서는 영어적 표현법을 잘 익혀둘 필요성이 존재하는데 이 책은 그런 목적으로 볼 때 가장 최적이다.

수많은 어휘들을 상황별로 정리를 잘해 두어서 어떤 상황일 때 어떤 단어나 구(phrase)를 사용해야 하는지를 자세하게 알려준다. 논문의 기본 골격인 서론, 방법론, 결과, 그리고 논의/결론 등 부제목 별로 어떤 내용을 기술하여야 할지 그리고 앞의 부절과 어떻게 연결을 해야 할지 등도 자세하게 기술이 되어 있어 읽으면서 이해하기 좋도록 구성이 되어 있다. 한 두 번 정도 이 책을 정독해 보면 그냥 한글로 논문을 작성할 때에도 아주 유용할 뿐 아니라 외국에 논문을 투고하고자 할 때에도 매우 도움이 될 것이다.

끝으로 이 책이 과학논문을 작성하여 외국 저널에 투고하고자 하는 석박사 과정 학생들이 널리 읽어 좋은 논문을 많이 작성해주길 바라는 마음이다.

2010년 9월

가야골에서 진 병 문

:: 차례 ::

단원4 논의/결론(Discussion/Conclusion) 작성법 / 188

단원5 초록(Abstract) 작성법 / 239

단원 1

서론(introduction) 작성법

1.1 구조(structure)

지금까지 당신이 작성했던 과학보고서는 그저 단순하게 당신이 어떤 실험을 해서 어떤 사실을 발견했는가를 보고하는 보고서 수준이었을 것이다. 이런 작업은 학위논문이나 연구논문의 중심 위치인 보고(방법 및 결과)란을 작성할 때에는 도움이 되긴 하겠지만 정식 연구논문의 서론부분을 작성할 때에는 별 도움이 되지 못한다. 서론을 작성하는 일은 연구논문을 쓰기 위한 첫 번째 단계이다.

서론 부분을 작성하려면 무슨 일을 하였으며 무엇을 발견하였는지에 관한 것을 적어야 하는데 서론을 작성하기 가장 좋은 시기는 실험보고서의 초고를 만들거나 실험결과를 작성한 직후이다. 하지만 이 책에서는 연구논문의 구조를 논문이나 학위논문에 나타나는 순서대로 표현을 했기 때문에 당신이 각 부분의 연관성을 찾아내어서 원하는 순서를 파악할 필요가 있다.

당신은 해결하고자 하는 문제나 연구의 목적을 설명하면서 서론부분 작성을 시작하고 싶어 하겠지만 기존 출판된 논문을 살펴보면 알 수 있듯이 대부분의 기존 논문들은 그렇게 시작을 하지 않는다. 그러므로 이런 방법은 서론을 시작하는 좋은 방법이 아니다. 서론에 당신의 연구결과를 포함시키려면 다음의 세 가지 질문에 대한 답을 갖추어야 한다.

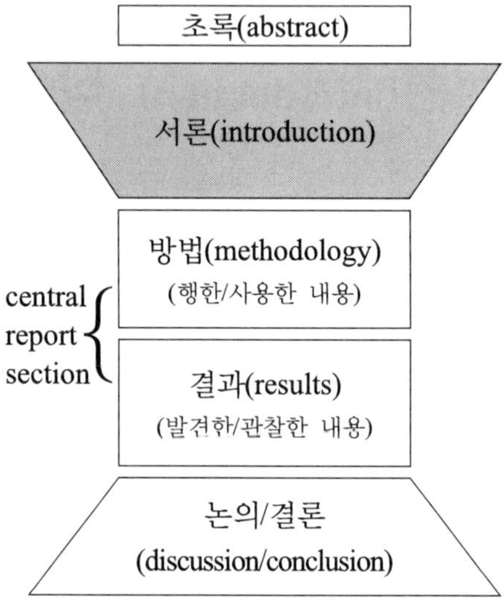

**** 그림 1.1 연구논문이나 학위논문의 짜임새**

- 일반적인 연구자들은 서론 부분은 어떻게 시작을 하는가?
- 당신의 서론에는 어떤 종류의 정보들이 어떤 순서로 들어가 있는가?
- 일반적인 연구자들은 어떻게 서론 부분을 끝맺는가?

그림 1.1에서 제일 먼저 주목해야 할 것은 대칭성이다. 서론 부분에 포함시켜야 할 내용 대부분은 역으로 논의/결론에서 이루어지기 때문이다. 예컨대 당신의 학위/논문을 시작하는 적절한 문장이 필요하듯이 논의/결론 부분에서는 결말을 이끌어 낼 적절한 마지막 문장이 필요하다. 게다가 서론의 끝 부분에서는 논문의 중심 내용과 연계시킬 수 있는 문장도 들어가야 한다. 이런 문장은 본문에서 논의/결론으로 넘어가는 부분에서도 역시 필요하다.

또 한 가지 염두에 두어야 할 사항은 그림 1.1의 모양새가 본문으로 들어갈수록 좁아지다가 끝으로 가면서 다시 넓어진다는 것이다. 이런 구조는 정보가 서론부분과 논의/결론 부분에 순서대로 들어가 있다는

의미이다: 서론부분에서는 아주 일반적인 사실로부터 시작하였다가 점점 당신의 관심사 쪽으로 좁아지는 반면 논의/결론 부분에서는 그 순서가 거꾸로 이루어진다.

아래에 나오는 서론부분을 읽어 보아라. 주제가 되는 내용이 친숙하지 못하다거나 'polylactide' 용어들을 이해하지 못하더라도 염려할 필요는 없다. 단지 일반적인 사항들을 이해하고 사용된 언어의 형식과 친숙해지도록 하여라.

polylactide와 고무에서 유연성을 갖는 폴리머 혼합물 제조법

서론

1 polylactide(PLA)이 자연분해성 때문에 최근에 많은 주목을 끌고 있는데 그 이유는 이 특성은 중요한 경제적 혜택을 제공해주기 때문이다. 2 PLA는 옥수수에서 추출되는데 락티드를 폴리머화하여 얻어진다. 3 이 물질은 생체의학(biomedical) 분야[1]에서 아주 유용하며 잠재력을 갖는 공학물질로서 연구가 되고 있다[2,3]. 4 하지만 충격에 너무 약해 사용화하기에 부족하다[4].

5 폴리머를 견고하게 만드는 한 가지 방법은 고무입자[5]층을 삽입해주는 것이다. 고무를 이용하여 PLA를 개량하는 많은 연구들이 이루어져왔다. 6 예컨대 Penny 등은 혼합(blending) 기술[6]을 사용하여 PLA 복합체를 만들 수 있음을 보여주었는데 최근에 Hillier가 이런 견고함을 갖는 복합체를 제조하는데 성공하였다[7]. 7 그러나 폴리머에 고무입자를 혼합하였을 때의 역학적 특성변화에 대한 연구[8]는 2년 전에 이루어졌지만 적절한 고무성분을 선택하는데 대한 연구는 거의 이루어지지 않았다.

8 본 논문은 고무 성분을 선택하는 선정기준을 제공한다. 9 이런 선정기준에 의거하여 PLA와 탄화수소카본(PI)을 이용한 폴리머 혼합체 준비에 대해 설명하고자 한다. 10 역학적 특성이 뚜렷하게 다른 두 물질을 조합하여 만들어진 복합폴리머는 PI의 량에 따라 유연성이 아주 크게 차이가 났다.

The synthesis of flxible polymer blends form polyacride and rubber

Introduction

1 *polylactide (PLA) has received much attention in recent years due to its biodegradable properties, which offer important economic benefits.* **2** *PLA is a polymer obtained form corn and is produced by the biomerisation of lactide.* **3** *It has many possible uses in the biomedical filed*[1] *and has also been investegated as a potential engineering materials*[2,3]. **4** *However, it has been found to be too weak under impact to be used commercially.*[4]

5 *One way to toughen polymers is to incorporate a layer of rubber particles*[5] *and there has been extensive research regarding the rubber modification of PLA.* **6** *For example, Penney et al. showed that PLA composites could be prepared using blending techniques*[6] *and more recently, Hiller established the toughness of such composite.*[7] **7** *However, although the effect of the rubber paticles on the mechanical properties of copolymer systems was demonstrated over two years ago,*[8] *little attention has been paid to the selection of an appropriate rubber component.*

8 *The present paper presents a set of criteria for selecting such a component.* **9** *On the basis of these criteria it then describes the preparation of a set of polymer blends using PLA and a hydrocarbon ruber (PI).* **10** *This combination of two mechanistically distinct polymerisations formed a novel copolymer in which the incorporation of PI significantly increased flexibility.*

1.2 문법과 작성기교

여기서는 서론의 중요한 4가지 핵심요소에 대해 다루고자 한다.

- 시제(tense pairs)
- 접속사(signalling language)
- 수동/능동 사용법(passive/active use)
- 단락 만들기(paragraphing)

1.2.1 시제(tense pairs)

❑ Present Simple/Present Continuous

서론부분에서 시제를 정확하게 사용하려면 'Present Simple(현재 단순)' 시제와 'Present Continuous(현재 진행)' 시제의 사용법 차이를 알아야 한다. 다음 두 문장을 비교해 보아라.

(a) I live in Seoul (b) I'm living in Seoul	Present Simple Present Continuous

(a)는 영구적 상황을 나타내는 반면 (b)는 임시적인 상황을 표현한다. 이런 이유로 'Present Simple' 시제는 인정 가능한 사실이나 진실을 언급할 때 사용된다. 하지만 놀랍게도 인정 가능한 사실이나 진실이라는 것도 당신의 의사에 의한 것이다. 종종 연구자들은 자신의 연구결과물이 사실이라 생각하여 적절한 참고문헌을 인용하여 이를 'Present Simple'로 표현하기도 한다. 여기서 1.1절 서론의 예의 일부를 다시 보여준다.

> **5** 폴리머를 견고하게 만드는 한 가지 방법은 고무입자층을 삽입해 주는 것이다(One way to toughen polymer **is** to incorporate a layer of rubber particle).

나중에 결과란에서 당신 자신만의 발견 결과에 대해 다음과 같이 진술하기로 마음을 먹을 수도 있다. 결과를 설명하는 두 예를 살펴보자:

(a) We found that the pressure increased as the temperature rose, which indicated that temperature played a significant role in the process.

(b) We found that the pressure increases as the temperature rises, which indicates that temperature plays a significant role in the process.

어떤 문장이 더 강한 표현인가? (a)에서 과거단순시제(**Past Simple Tense**)를 사용하였다는 의미는 당신이 알아낸 사실은 당신 자신만의 연구와 관련이 있다는 의미이다. 당신의 추론(deduction)이 사실로 받아들여지거나 정립되어야 한다고 주장하는 것도 아니며 다른 연구자들이 동일한 결과를 꼭 얻을 필요도 없다는 것이다. (b)에서 현재단순시제(**Present Simple Tense**)를 사용한 의미는 당신의 연구결과와 추론이 사실이나 진실로 여겨질 충분한 근거가 있다고 믿는 경우이다. 그러므로 'Present Simple' 시제는 이런 신뢰성을 나타내고 독자들 또한 당신의 연구결과를 그렇게 인정하고 반응하게 된다. 이에 대한 좀 더 자세한 논의는 결과(Results) 단원에서 이루어질 것이다.

❑ Past Simple/Present Perfect

서론부분에서 사용할 또 다른 한 쌍의 시제는 '과거단순(Past Simple)' 시제와 '현재완료(Present Perfect)'시제이다. 당신은 두 시제가 다 필요한데 언제 그리고 왜 한 시제에서 다른 시제로 바꾸어야 하는지를 알아야 한다. 다음 문장들을 살펴보자.

(a) Past Simple: I lived in Pusan for five years...	but I don't live there anymore.
(b) Present Perfect: I have lived in Pusan for five years...	and I still live there NOW.
(c) Past Simple: I broke my glasses...	but it doesn't matter/I repaired them.
(d) Present Perfect: I have broken my glasses...	and so I can't see properly NOW.

당신은 아마 오래 전에 (a)와 (b)의 차이에 대해 이미 배웠을 것이다: Past Simple과 Past Perfect의 차이 중 하나는 그 사건이 발생한 시간을 나타내는 것이다. (c)와 (d)의 차이를 이해하는 것은 좀 어렵긴 하지만 당신이 과학논문을 작성하려면 이를 이해하는 것이 더 중요하다.

(c)와 (d)에서 시제 표현을 할 때 '시간(time)'은 두 문장을 구분하는 척도가 되지는 못한다; 즉 (c)와 (d)는 저번 달일 수도 있고, 오늘 아침 혹은 1나노(10^{-9})초 전일 수도 있기 때문이다. 중요한 것은 사건 (d)가 사건 (c)에 비해 상황에 훨씬 더 적합하다는 뜻이다.

그래서 (d)를 Present Perfect로 표현한 것이다. 당신이 서론을 작성할 때 왜 이 아이디어가 더 신뢰성이 있을까? 1.1절의 서론 부분에서 발췌한 다음 문장을 살펴보자.

For example, Penny et al. **showed** that PLA composite could be prepared using blending technique and more recently, Hiller **established** the toughness of such composites. However, although the effect of the rubber particles on the mechanical properties of copolymer system **was demonstrated** over two years ago, little attention **has been paid** to the selection of an appropriate rubber component.

주의 'a little'은 약간의 량이 있음을 의미하지만 'little'은 거의 없다는 뜻이다.

어디에서 시제가 변하는가? 왜 저자가 Past Simple에서 Present Perfect로 바꾸는가? 이 연구결과가 이제(NOW) 적절한 고무 성분을 선택하는 부분에 관심을 가지기 때문일까?

저자가 시제를 바꾸는 것을 잊어버리고 계속해서 Past Simple 시제를 사용한다면 어떤 일이 일어나는지 살펴보자.

However, although the effect of the rubber particles on the mechanical properties of copolymer system **was demonstrated** over two years ago, little attention **was paid** to the selection of an appropriate rubber component.

이렇게 표현하면 약간의 관심이 주어졌는데 그것은 2년 전부터라는 말이 되어 버린다. 이 문제(고무 성분)는 그 때(2년 전)부터 관심을 끌어 오다가 그 문제가 해결이 되었다는 의미가 된다. 시제 변화는 항시 의미를 가지며 시제는 항시 정보의 기능변화를 알려주는 기능을 한다. 그러므로 시제를 아무렇게나 바꾸지 말고 시제를 바꾸어야 할 경우 시제를 바꾼다는 사실을 기억하기 바란다.

당신이 만들고자 하는 시범 서론에 Past Simple과 Present Perfect가 사용되는 방법을 주의 깊게 살펴보면서 시제에서 당신이 배운 내용을 확인하자. 당신 이전의 연구자들 결과를 인용할 때 사용되는 Past Simple 시제와 Present Perfect 시제의 사용법을 특히 잘 살펴보기 바란다.

1.2.2 접속사(Signalling language)

❑ 문장 연결(Sentence connection)

논문작성 시 가장 흔하게 발생하는 실수 중 하나는 한 문장이나 하나의 아이디어를 다른 그것들과 연결할 때 발생한다. 문장의 끝맺을 때마다 당신의 독자들은 다음 문장에서 당신이 무슨 일을 할지 무슨 말을 할지 알지 못한다. 그러므로 한 문장의 끝과 다음 문장이 시작되는 첫 대문자 사이의 한 칸 공간은 당신이나 당신 독자에게 매우 위험한 곳이다. 한 문장 끝에 10분 간 멈추었다고 하자. 그 멈춘 시간 동안 당신은 당신이 한 일이나 당신이 개발한 아이디어에 대해 생각했다고 하자. 그리고 컴퓨터를 끈 후 집으로 돌아갔다고 하자. 다시 새 문장을 작성할 때 독자와의 교감을 고려하지 않는다면 당신은 문제를 만들 수 있는 괴리(gap)를 문장에 새겨 넣는 꼴이 될 것이다.

저자로서의 작업 중 하나는 괴리감을 줄여 주는 것으로 그렇게 함으로써 독자들은 하나의 정보로부터 다음 정보로 주의 깊게 옮겨갈 수 있다. 문장과 개념(concept)을 연결하는 일은 당신을 위해서도 필요하다. 이런 작업은 당신이 아이디어를 논리적으로 개발할 수 있게 해준다. 문장을 연결하는 하나의 방법은 중복(overlap) 하는 것인데 이는 앞 문장의 어떤 부분을 반복해 표현하는 것이다:

The pattern of inflammation during an asthma attack is different from that seen in stable asthma. In **stable asthma** the total number of inflammatory cells does not increase. (천식발작 때 형성되는 염증의 형태는 안정적인 천식 때의 그것과 다르다. 안정적 천식의 경우에는 염증을 일으키는 세포의 수가 증가하지 않는다.)

One way to toughen polymer is to incorporate a layer of rubber particle. As a result, there has been extensive research regarding the **rubber** modification of PLA. (폴리머를 견고하게 만드는 한 가지 방법은 고무입자 층을 삽입해주는 것이다. 따라서 고무를 이용하여 PLA 특성을 바꾸어주는 많은 연구들이 이루어졌다.)

다른 방법은 'it, they' 같은 대명사(pronoun)를 사용하거나 'this method, these systems' 같은 대용형(pro-form)을 사용하여 앞 뒤 문장을 서로 결합시켜준다.

> Many researchers have suggested ways of reducing cost without affecting the quality of the image. **These methods** rely on data structure built during a preprocessing step.
>
> On the basis of these criteria it then describes the preparation of a set of polymer blends using PLA and hydrocarbon rubber (PI). **This combination** of two mechanically distinct polymerisations formed a novel copolymer in which the incorporation of PI significantly increased flexibility.

세 번째 방법은 문장을 끝내지 않고 semicolon(';')이나 종속절(a 'which'절)을 이용하여 다음 문장과 연결하는 것이다.

Semicolon을 이용하여 문장을 연결해주는 경우는 두 문장이 아주 밀접한 관계에 있다거나 두 문장 중 한 문장이 아주 짧을 때 잘 이용된다:

> The procedure for testing whether components are operationally safe usually takes many hours**;** this means that tests are rarely repeated.
>
> It has received much attention over the past few decades due to its biodegradable properties, **which** offer important economic benefits.

네 번째 방법은 한 문장과 다음 문장 사이나 혹은 한 문장의 일부분과 그 다음의 관계를 의미하는 접속사(signalling sentence connector)를 사용하는 것이다. 당신의 글을 읽을 때 접속사가 얼마나 유용한지 이미 알고 있을 것이다; 'therefore'나 'however' 같은 단어를 만나면 다음 문장의 의미를 완전하게 이해하지는 못하더라도 그 문장에 나올 정부의 일부분은 짐작을 할 수 있게 된다. 그 이유는 이런 접속사가 문장의 정보를 알려주는 기능을 하기 때문이다. 반대 경우로 작가가 접속사로 정보 기능을 보여주지 않을 때는 독자들이 정보를 알아내는데 어려움을 겪는다. 문법이 정확하고 모든 단어들이 틀림이 없더라도 독자들은 저자의 정보를 확신하기는 어렵다(이는 바로 앞의 문장 때문일까? 예 때문일까? 아니면), 그래서 저자의 의도와 다르게 해석할 수도 있을 것이다.

당신이 이미 'therefore'나 'however' 같은 단어를 사용하고 있을 것이며 이런 항목들을 당신이 적절하게 사용하고 있는가를 확인하는 것이 하나의 목표이다. 다른 목표는 이런 접속사의 어휘력을 신장시키는 것이다. 왜냐하면 당신의 여생을 오로지 'therefore'나 'however' 같은 단어만 사용하면서 보낼 수는 없기 때문이다. 기능에 따른 접속사의 예를 보인다. 과학논문에서 자주 사용하는 것으로만 한정했기 때문에 그리 많지는 않다.

CAUSE (원인)

The experiment was unsuccessful ______ the measuring instruments were inaccurate.

The experiment was unsuccessful _______ the inaccuracy of the measuring instruments.

due to (the fact that) on account of (the fact that) in view of (the fact that)	as because since

- 'since'를 사용할 때에는 주의하라. 이 단어는 때로 '종종'이라는 의미가 되기도 한다. 그러므로 어떤 혼동의 소지가 있다면 다른 단어를 사용하여라.
- 모든 접속사 심지어 'because'까지도 문장의 시작으로 사용될 수 있다(Because the measuring instruments were inaccurate, the experiment was unsuccessful).

RESULT (결과)

The measuring instruments were calibrated accurately, _____ the experiment was successful.

therefore consequently hence	as a result (of which) which is why so

- 'so'로 문장을 시작하지 마라; 너무 회화적(informal)이다.
- 'If x then y' 같은 문장에서처럼 'then'을 가끔 사용하지만 이것이 모든 문장에서 성립하지는 않는다. 그래서 'then'을 이 리스트에 넣지 않았다.

CONTRAST / DIFFERENCE (대조 / 차이)

British students are all vegetarians, ________ Norwegian students eat meat every day.

however whereas but	on the other hand while by contrast

- 'on the contrary'와 'conversely'는 이 범주에 속하지 않는데 그 이유는 이들은 차이점만 의미하는 것이 아니라 정반대되는 내용이 사실이라는 의미를 내포하므로 위의 예에는 포함되지 않는다(채식주의자와 육식주의자는 정반대가 아니라 단지 다른 것이다). 하지만 다음과 같은 문장에서는 그들을 사용할 수 있다: Some experiments used uncalibrated instruments and succeeded; <u>conversely</u>, other experiments used carefully calibrated instruments and failed(어떤 실

험은 보정되지 않은 장비를 사용했기 때문에 성공했지만 또 다른 실험은 아주 정교하게 보정된 장비를 사용하였기 때문에 실패하였다).

- 'while'을 사용할 때에는 주의가 필요하다; 이는 종종 'at that(그 무렵)/the same time(동시에)'이란 의미로도 사용이 된다. 그러므로 혼동의 여지가 있다면 다른 접속사를 사용하여라.

UNEXPECTEDNESS (예상하지 못함)

(a) _______ it was difficult, a solution was eventually found.

(b) _______ the difficulty, a solution was eventually found.

(c) It was difficult; _______ a solution was eventually found.

(a) Although (a) Even though (a) Though	(b) Despite (b) In spite of (b) Regardless (b) Notwithstanding	(c) neverther less (c) however (c) yet (c) nonetheless (c) even so

- 같은 의미로서 'still'이나 'anyway'같은 접속사도 있지만 너무 회화적이다.

ADDITION (부가)

We used a batch processing system because it was more effective; _______ it was faster(일괄처리 방식을 채택하면 효과적이다. 게다가 속도도 더 빨라진다).

in addition moreover furthermore apart from that/which	also secondly (etc.) in the second place (etc.) what is more,

- 'beside'도 위의 리스트에 나오는 문구들과 유사한 의미이지만 더 강력한 표현이므로 설득력을 갖는 문장에 주로 사용된다.

당신이 참고로 하는 논문의 서론과 연계성을 살펴보면서 당신이 무엇을 배웠는지 확인해보기 바란다.

1.2.3 수동/능동(Passive/Active)

학생들은 종종 연구논문에 'we'라는 표현을 사용해도 되는지 물어본다. 서론란에서 당신은 보통 이 논문에서 무엇을 할 것(실험 등)이며 무엇을 발표(결과)할 것인지에 대해 언급한다. 당신 연구그룹이나 연구팀을 의미할 때에는 'we'를 사용할 수 있지만 이는 일반적인 사람이나 인간을 의미할 때에는 사용하지 않는다. 사람에 의해 이루어진 일을 표현하고자 한다면 'we know/think that...' 대신에 'It is known/though that...'처럼 'It'으로 시작하는 편이 더 좋다. 'we' 대신에 수동형을 사용하는 것이 보편적이다. 특히 논문의 중심 부분인 '보고란(central report section)'에서는 'was, measured, was added, etc.'을 사용하는 것이 보통이다.

학위논문은 당신 개인의 일에 대해 서술을 하므로 연구그룹이나 팀이 없다. 당신 학위논문은 'I'를 이용해 표현할 수 없으므로 대개 수동형으로 논문을 작성할 것이다. 당신 자신의 업적을 나타내고자 할 때에는 'here'이나 'in this study' 같은 문구를 사용하여 독자들이 당신의 업적임을 알 수 있게 해주어야 한다. 'I'나 'we' 대신에 비인칭 주어(dummy subject)를 사용할 수 있다.

This article describes an algorithm for clustering sequences into index classes.

The present paper presents a set of criteria for selecting such a component.

수동형으로 문장을 작성할 때의 문제점은 주체(뭘 수행한 사람; agent)가 언급이 안 되는 일이 허다하다는 것이다. 바꾸어 말하자면 단지 어떤 일이 이루어졌다(was done)거나 규명되었다(was identified)고 표현하지 'by me'라든지 'by other researchers'라 밝히지 않기 때문에 독자들은 누가 그 일을 했는지 혹은 누가 밝혔는지 모를 수도 있다. 이는 혼동을 줄 수 있으므로 서론부분을 작성할 때 주체를 표하지 않고 그냥 '<u>x</u> is presented'라 하기 보다는 비인칭 주어(this article/the present paper)를 사용해주는 편이 더 좋다. 참조 논문의 서론부분에 사용된 수동형과 비인칭주어를 사용하는 방법을 살펴보자.

PARAGRAPHING(단락 만들기)

❑ 왜 단락이 중요한가?

효과적인 읽기와 쓰기를 위해서 단락을 구분해주는 일은 가시적 도움을 준다. 단락을 구성할 때 흔하게 발생하는 두 가지 실수는 짧은 문장을 나열하는 단락형태를 만들거나 아니면 너무 긴 단락을 만드는 것이다. 이 두 가지 실수는 독자들에게 혼동을 줄 수 있을 뿐 아니라 글 쓰는 솜씨가 촌스럽게 느껴진다.

단락의 역할을 이해하기 위해 당신이 파리로 떠나는 24시간 여행 티켓을 상품으로 받았다고 가정해보자. 당신은 두 가지 선택권을 갖는다. 첫 번째 선택은 파리로 비행기로 가서 파리 도심을 도보로 구경한다. 이 선택을 택하였다면 나중에 당신 친구가 유명한 루브르박물관을 보았는지 물어볼지도 모른다. 당신의 대답은 '음 길을 잃어서 공단지역에서 여러 시간을 허비하는 바람에 보지 못했어!'일 것이다. 당신 어머니를 위해 파리에서 구입한 옷을 선물하니까 당신 어머니가 이 옷을 그 유명한 Rue de la Paix 쇼핑가에서 사왔느냐고 물어보자 당신은 '아니요 어디에 큰 쇼핑센터가 있는지 알 수 없어서 그저 제가 묵었던 호텔 근방에서 샀습니다!'라고 대답을 했을 것이다.

그제야 당신은 시간을 너무 많이 허비했으며 많은 중요한 일들을 놓쳤다는 사실을 깨닫게 될 것이다.

두 번째 선택은 파리를 떠나기 전 한두 시간 정도 파리상공을 헬기로 돌아보는 것이다. 당신은 조급했기 때문에 이는 매우 어려운 결정이다; 당신은 겨우 24시간의 여유만 있어 시간을 허비하고 싶어하지 않을 것이지만 하여튼 그렇게 했다고 치자. 파리 시내 구경을 시작하기 전에 헬기를 타고 바둑판 모양으로 1시간 반 동안 파리 상공에서 구경했다면, 헬기에서 보았던 일급호텔도 위치를 알기 때문에 찾을 수 있었을 것이며 헬기에서 본 Rue de la Paix에서 옷도 구입했을 것이다. 헬기에서 본 루브르박물관도 방문했을 것이고 도심에 위치한 대형 공원에서 점심식사도 했을 것이다.

❑ 이 일과 좋은 '단락만들기' 사이에는 어떤 연관성이 있을까?

이 아이디어를 읽기와 쓰기에 적용해보자. 만약 당신이 추리소설을 다 읽기 이전에 마지막 결론부터 먼저 봤다고 하면 재미는 좀 덜 하겠지만 책읽기를 더 빨리 마칠 수 있다. 그 이유는 살인자가 누구인가 궁금해 하는데 시간을 허비하지 않기 때문이다. 당신은 범인이 남편인 것을 알기 때문에 남편의 이름이 거명될 때마다 집중하여 주의력을 가지고 읽게 되지만 다른 혐의자들에 관한 세부사항들에는 결론을 먼저 본 사실이 영향을 미치지는 않는다. 이렇게 하면 핵심에서 벗어나는 사실들을 무시할 수 있게 되므로 책을 읽는 속도가 빨라지게 된다.

당신이 읽는 것에 대해 많이 알면 알수록 책을 더 빠르고 더 효율적으로 읽을 수 있다. 그러므로 어떻게 하면 당신이 긴 내용의 논문 내용을 일기 전에 빨리 이해할 수 있을까? 해답은 읽기를 시작하기 전에 빠르게 훑어보는 방법이다. 파리 상공을 헬기로 둘러보듯이 읽기 대신에 훑어보기를 먼저 한다. 본문을 훑어보는 목적은 그 논문이 무엇에 관해 말하고 있으며 각종 정보들이 어디에 위치하는지를 빨리 알아내고자 함이다. 그러면 그 논문을 더 빨리 그리고 더 확신을 가지고 읽게 된다.

❑ 어떻게 하면 빠르고 효과적인 훑어보기를 할 수 있을까?

다음에 나오는 글상자 지시사항의 대부분은 슬쩍 보거나 체크하는 정도로 하라는 것이다. 훑어보기는 미리 읽기 기술이며 아주 빠른 시간 안에 이루어진다. 만약 훑어보기가 수분 안에 이루어지지 않는다면 당신이 한 일은 훑어보기가 아니라 읽기를 한 것이다.

❑ 훑어보기가 읽기에는 도움이 되지만 글쓰기에는 어떤 도움을 줄까?

상자설명 내용 6번을 보자: '각 단원의 첫 번째 문장을 훑어보아라(Look quickly at the first sentence of each paragraph)' 학술적 글에 나오는 단락은 종종 토픽이 되는 내용으로 시작한다. 그러므로 첫 문장을 보면 그 단락은 주된 아이디어가 무엇인지 알 수 있으며 독자들에게 그 단락이 무엇에 관해 언급하고자 하는 것을 알려주는 것이기도 하다. 다른 문장들도 이런 관계로 연관되어 있다; 즉 논의를 하고 설명을 하며 더 자세하게 정의하고 그것에 대해 논쟁을 벌이고 예제를 제시하며 문장을 재구성하기도 한다. 토픽이나 아이디어가 첫 번째 문장과 너무 동떨어지게 되면 저자는 보통 새로운 단락을 시작한다.

그러므로 당신이 투고논문이나 학위논문 각 단락의 첫 번째 문장을 읽어봄으로써 그 논문에서 다루고자 하는 다양한 주제에 대한 좋은 아이디어를 얻을 수 있다. 그리고 이런 방식이 단락을 구성하는 일반적 방법이므로 당신 자신도 이런 방식으로 단락을 구성하는 것이 가장 안전하다. 다른 사람들이 만든 단락을 많이 참조할수록 당신 스스로 단락을 구성하기가 더 쉬어진다.

1. 제목을 읽어라(Read the title).
   그런 후 당신이 보게 될 정보의 종류를 예견해 보아라.
2. 저자명을 보아라(Look at the name of the author).
   저자에 대한 정보는 논문 내용을 예견하고 평가하는데 도움을 준다.
3. 날짜를 확인하라(Check the date).
   내용을 평가하는데 도움이 되도록 활용하라.
4. 초록을 읽어라(Read the abstract).
   연구자들이 무슨 연구를 했으며 무엇을 발견했는지 찾아내어라.
5. 첫 번째 단락을 훑어보아라(Look quickly at thc first paragraph).
   그 단락에 나오는 모든 단어를 이해하려고 노력하지는 말아라.
6. 각 단락의 첫 번째 문장을 훑어보아라.
   (Look quickly at the first sentence of each paragraph).
7. 각 그림과 표를 훑어보고 그림에 부가된 설명을 읽어보아라.
   (Look quickly at each figure/table and read its title).
   어떤 가시적 데이터가 포함되어 있는지 찾아내려고 노력하여라.
8. 마지막 단락을 읽어보아라(Read the last paragraph).
   '요약(summary)'이나 '결론(conclusion)' 같은 부제목이 달려있는 경우에는 특히.

당신도 알듯이 단락은 들여쓰기를 해서 시작을 하거나 한 줄의 빈 공간을 띄워 준다. 아주 오랫동안 당신은 이런 형식에 익숙해져 있을 것이다. 그 의미는 당신이 매 단락을 새로 시작할 때마다 이런 조건부 반응이 당신 머릿속에서 나와 다른 주제로 옮김을 나타내게 된다.

단락을 정확하게 만드는 것은 매우 중요한데 게으르거나 부주의하여서 아주 엉망인 단락구성 습관에 빠지기도 쉽다. 한 문장짜리 단락을 만들거나 단락이 너무 길다고 생각이 되거나 또는 어느 순간 새로운 단락을 시작해야 할지 확신이 서지 않으면 당신은 스스로 단락 구성을 힘들어 하고 있다는 뜻이다. 당신이 논문을 쓸려고 계획을 한다면 언급하길 원하는 모든 아이디어/개념을 적어둔 뒤 그들을 논리적 순서로 배열하고 각각에 대해 무엇을 언급할 것인지를 중요 항목 표시를 해 가면서 리스트로 만든다. 이런 작업을 해 두면 단락을 논리적이고 일관성 있게 만드는데 큰 도움이 된다.

1.3 글쓰기(Writing task): 모델 만들기(Build a model)

1.3.1 모델 만들기

표 1.1에 보이는 예를 보고 오른쪽 빈칸에 각 문장에서 저자가 하고자 하는 바를 간단하게 적어보아라. 이는 서론의 모델을 준비하는 첫 단계이다. 처음 해보는 일이라 힘이 들 수도 있지만 표 아래에 나오는 가이드라인을 잘 읽어 보고 작성을 하라. 각 문장의 실마리(Key)는 다음 절에 나와 있다. 일단 당신 스스로 모델을 만들었다면 실마리(Key)를 이용하여 실제로 당신이 논문을 작성할 때 그 논문의 한 절을 만드는데 도움이 될 것이다.

가이드라인: 이 작업을 하는데 30~40분의 시간을 투자하여라. 첫 문장을 멋지게 적기가 어렵다면 표 1.1의 문장 7번 같이 쉬운 것에서부터 출발하여라. 당신 모델이 다른 〈서론〉으로 전환이 가능할 때 그 모델이 유용하다는 사실을 명심하여라. 즉 'polymer'같은 전문단어는 모델에 포함시키면 당신 연구분야에서 일반적으로 사용될 서론을 만드는 모델로 사용할 수가 없다. 저자가 그 문장에서 무슨 일을 하는지를 알아낼 수 있는 다른 방법은 문법과 어휘에서 그 단서를 찾는 것이다. 주동사(main verb)의 시제가 어떻게 되는가? 주로 어떤 시제를 많이 사용하는가? 앞의 문장과 동일한 시제를 사용했는가? 그렇지 않다면 왜 저자가 시제를 바꾸었을까? 어떤 단어를 저자는 선택을 했는가?

완벽한 모델을 만들 것이라고 기대하지는 마라. 실마리 절을 보면서 당신의 모델을 수정한 후 다시 참고로 하는 논문에서 서론부분과 비교할 때 또 수정을 하게 될 것이다.

** 표 1.1 모델 만들기 연습 예

The synthesis of flexible polymer blends from polyactide and rubber *Introduction*	**In this sentence, the writer:**
1 'Polyactide(PLA) has received much attention in recent years due to its biodegradable properties, which offer important economic benefits.	1 ________________
2 'PLA is a polymer obtained from corn and is produced by polymerization of lactide.	2 ________________
3 'PLA has possible uses in the biomedical field[1] and has also been investigated as a potential engineering material.[2,3]	3 ________________
4 'However, it has been found to be too weak under impact to be used commercially[4].	4 ________________
5 'One way to toughen polymer is to incorporate a layer of rubber particles[5]. and there has been extensive research regarding the rubber modification of PLA.	5 ________________
6 'For example, Penny *et al.* showed that PLA composites could be prepared using blending techniques[6] and more recently, Hillier established the toughness of such composite.[7]	6 ________________
7 'However, although the effect of the rubber particles on the mechanical properties of copolymer system was demonstrated over two years ago[8], little attention has been paid to the	7 ________________

selection of an appropriate rubber component. **8** 'The present paper presents a set of criteria for selecting such component. **9** 'On the basis of these criteria it then describes the preparation of a set of polymer blends using PLA and a hydrocarbon rubber(PI). **10** 'This combination of two mechanically distinct polymerizations formed a novel copolymer in which the incorporation of PI significantly increased flexibility.	8 __________ 9 __________ 10 __________

1.3.2 실마리(Key)

문장 1인 'Polyactide(PLA) has received much attention in recent years due to its biodegradable properties, which offer important economic benefits.'에서 저자는 이 연구 주제의 중요성을 부각시킨다.

문장 1의 오른편에 '토픽을 소개한다'라고 적었다면 당신이 실제로 논문을 작성하게 될 때 그다지 도움이 되지 못한다. 토픽을 어떻게 소개할 것인가? 좀 더 구체적일 필요가 있다.

대부분의 연구논문은 지금 연구하는 연구분야나 연구토픽이 매우 유용하고 중요하다고 주장하면서 시작한다. 이 연구분야에 대한 연구결과가 얼마나 많은지를 주장하거나 이 연구분야에서 얼마나 중요한 역할을 하는지 또는 이 연구분야가 얼마나 중요한지에 초점을 맞춘다. 'much study in recent years'나 'plays a major role'같은 구문이 가장 흔하게 등장한다. 1.4절에서 이 부분에 가장 많이 사용되는 유용한 어휘들을 만나게 될 것이다.

❑ 나의 연구가 중요하다고 주장할만한 확신이 들지 않을 때에는 어떻게 할까?

대부분의 연구자들은 자기들 연구의 중요성을 부각하면서 시작한다. 만약 당신이 그렇지 않다고 생각할지라도 당신 연구가 중요하지 않게 여겨지지는 않으므로 당신의 연구분야가 왜 그리고 얼마나 중요하고 유용한지를 주장함에 있어 부끄러워하지 마라.

❑ 어떤 시제를 사용해야 할까?

최근 혹은 5년 이내에 이루어진 많은 연구에 대해 논의하는 단락은 주로 현재완료형을 사용한다(Much study in recent years has focused on...). 중요성을 부각하고자 하는 경우에는 현재형 시제를 사용한다(There are substantial benefits to be gained from...).

문장 2인 'PLA <u>is</u> a polymer <u>obtained from</u> corn and is produced by polymerization of lactide.'에서 저자는 독자들에게 일반적인 배경정보를 제공한다.

문장 2는 현재시제로 되어 있는데 이는 받아들여졌거나/정립된(accepted/established) 사실을 나타낼 때 사용된다. 연구논문은 종종 정립되거나 받아들여진 사실들로부터 시작한다. 이렇게 하면 독자들이 저자와 동일한 배경지식을 공유한다는 확신을 줄 수 있으므로 독자들이 논문을 읽을 준비가 된 것이다.

❑ 어떤 종류의 사실로부터 시작해야 할까?

당신의 연구주제가 얼마나 광범위한가에 달려있다. 즉 당신이 어떻게 독자를 이끌어갈 것인가에 달려있다. 당신 연구의 주제가 매우 특별하다면 아주 구체적인 정보로부터 출발한다. 당신 논문이 대중의 흥미를 끌 것이라 예상하고 작성한다면 좀 더 일반적인 정보로부터 출발해야 한다. 당신의 기초지식이란 연구를 하면서 쌓인 것(1.1

절 참조)이므로 필요하다고 판단되는 부분에서 참고논문을 인용하는 것을 잊지 마라.

❑ 시작하고자 하는 기초정보가 하나 이상일 경우 어떤 것부터 시작해야 할까?

당신의 독자들이 이미 알고 있을 정도로 가장 일반적인 것부터 시작하여라. 이는 '만남의 장소'개념으로서 모든 독자들이 다 같이 출발할 수 있다는 의미이다. 그런 뒤 좀 더 구체적인 정보로 옮겨가면 된다. 세부적인 사실을 말하기 전에 항시 일반적인 사실들을 먼저 독자들에게 보여주어라: 벽돌을 이야기하기 전에 벽을 먼저 보여 주어라 (Show them the wall before you examine the bricks!). 그리고 한 문장과 그 다음 문장 간의 격자를 너무 두지 않아서 독자들이 편안하게 당신이 제공하는 정보를 보면서 이동해 갈 수 있도록 해 주어라.

당신 연구분야의 기초지식들은 당신과 당신의 공동 연구자들에게는 아주 친숙한 일이지만 독자들에게는 그렇지 않다는 사실을 명심하여라. 그러므로 많은 대중에게 읽히게 만들려면 당신에게는 너무나 당연하고 잘 알고 있는 사실이라도 논문에서 언급을 해주어라.

❑ 여전히 어디서부터 시작해야 할지 모르겠다.

여전히 첫 번째 문장에 머물러 있다면 당신 논문의 제목을 보아라. 연구제목에 나오는 주제어를 정의해주는 것도 독자들에게는 도움이 된다. 그러므로 주제어들 중 하나에 대해 정의를 해 주거나 그 내용에 대해 설명을 하면서 시작을 해도 될 것이다.

❑ 내가 해결하고자 하는 문제에 대해 언급하면서 시작을 해도 될까?

그렇게 해도 되기는 하지만 대부분의 저자들은 그렇게 하지 않는다. 그 이유는 독자들이 당신의 문제점을 이해하기 위해 필요한 기초지식을 알기 전에 당신의 문제점이 무엇인지 정확하게 이해하지 못할 것이기 때문이다. 그리고 당신 자신도 단 하나의 문장에서 당신이 해결하고자 하는 문제에 대해 언급하기도 힘이 든다. 그러므로 당신이 충분한 기초 지식을 제공하지 않았기 때문에 독자들이 준비가 되지 않은 것이므로 많은 구체적인 정보를 미리 적어 놓아야 한다는 사실을 명심하여라.

> **문장 3**인 'PLA has possible uses in the biomedical field[1] and has also.'에서 저자는 문장 1, 2와 동일한 일을 하지만 기초지식과 중요성 주장을 도와줄 수 있는 참고논문을 인용해가면서 훨씬 더 구체적이고/세부적으로 설명하고 있다.

❑ 참고문헌을 인용하면 이 논문이 참고문헌의 일부라는 의미가 되는 것일까?

그렇지 않다. 어디까지나 참고문헌은 이 연구분야의 기초지식을 제공하는 것이다. 서론부분에서 참고문헌을 인용해가면서 이 연구분야의 연구가 진척되어 온 과정을 보여주는 내용은 나중에 나올 것이다. 참고문헌의 내용은 그들 개인적인 연구내용을 언급하거나 그 연구자들의 연구방법 내지는 연구결과를 가져와 참고로 하자는 의미이다. 학위논문의 경우에는 이런 문헌논평(literature review)이 훨씬 더 길고 때로는 독립적인 장(chapter)으로 되어 있을 수도 있다.

❑ 참고문헌이 단지 기초지식에 불과한데도 왜 저자는 이들을 인용하는 것일까?

세 가지 이유가 있다: 첫째는 타인의 결과물인데 적절하게 인용해주지 않아서 마치 자기 업적인 듯 보이게 만드는 표절(plagiarism)은 전문가답지 못하다; 둘째 참고문헌의 출처를 밝혀주면 독자들이 인용논문은 구해봄으로써 원저자의 연구결과를 볼 기회를 제공한다; 세 번째 이유는 적절한 위치에 참고문헌을 인용하지 못한다면 당신은 자신의 연구분야에서 전문가가 아님을 스스로 인정하는 꼴이 된다.

문장 3이 비록 문헌논평(서론 단원 뒤에서 소개함)의 일부는 아니지만 인용논문을 포함하고 있다. 당신이 연구논문을 직접 작성하기 전에 저널이나 인터넷 등을 통해 많은 참고문헌, 인용구, 그리고 아이디어를 모을 수 있다. 이렇게 모은 문헌들을 당신 논문의 적절한 위치에서 인용하게 된다. 직접 서론을 작성하고자 할 때 스스로에게 다음의 3가지를 물어보아야 한다:

1. 내가 읽은 논문 중 어느 논문을 내 논문의 어느 부분에서 인용해야할까? 서론부분에서 이름과 인용논문을 선택하는 것은 중요하다. 왜냐하면 독자들은 당신이 제시한 인용논문들을 보면서 이 연구분야에서 핵심역할을 하는 연구그룹이 누구인지 그리고 그들의 업적은 어떤 것인지를 알 수 있기 때문이다. 이런 인용논문들을 보면서 당신의 연구업적이 이 연구분야에서 어느 정도의 위치인지 그리고 다른 연구자들과 어떤 연관관계에 있는지도 파악을 할 수 있게 된다.
2. 어느 것이 연구의 기초 일부분이 되고 어느 것이 서론 뒷부분에 나오는 문헌논평에 들어갈 것인가? 발견한 결과가 잘 알려진 사실이고 진실이라 여겨질 충분한 신뢰성을 갖는다면 참고문헌을 인용해서 사실적 기초의 일부로서 당신논문에서 현재시제로 표현해도 된다(문장 3과 같이). 최근이나 현재의 연구논문에 대한 문헌논평을 할 때에는 주로 저자명을 인용하며 과거나 현재완료형 시제를 사용한다.
3. 어떤 순서로 논문을 인용할까? 누가 먼저이고 누가 그 다음일까? 이것에 대해서는 문장 6 이후에서 논의할 것이다.

문장 4인 'However, it has been found to be too weak under impact to be used commercially[4].'에서 저자는 일반적인 문제점과 이 연구분야의 최근 관심사에 관해 서술한다.

이 연구논문에서 다룰 구체적인 문제에 대해서는 아직 저자가 언급은 하지 않고 있지만 이 분야의 현재 관심사 그리고 이 분야의 많은 연구자들이 흥미를 갖는 문제에 대해 설명하면서 이 논문에서 다루어질 문제로 이끌어 나간다. 문제영역이나 현재 연구 관심사에 대한 요약들을 일반적인 설명정도로만 해 두어야지 당신이 연구에서 이루고자 하는 구체적인 내용까지 다루게 된다면 이는 서론 부분치고는 너무 이른 감이 든다.

문장 4에서 볼 수 있듯이 당신 논문에서 다루고자 하는 문제점을 설명할 때 참고문헌이 필요할지도 모른다. 만약 그것이 잘 알려진 눈제(문장 4와 같이 최근 화젯거리라기보다는)라면 참고문헌을 인용할 필요는 없을 것이다.

문장 5인 'One way to toughen polymer is to incorporate a layer of rubber particles[5].'에서 저자는 문헌논평과 일반적 문제점 사이의 전환을 시도하고 있다.

일반적으로 이전 연구결과나 현재 연구동향 등에도 필요하다고 여겨지면 인용논문을 제공해야 한다. 그 연구동향이 이제는 쓸모가 없다고 하더라도 출처를 밝혀주어야 한다. 위첨자 형태로 표시된 인용논문은 이 문장에서만 인용된 모든 논문들을 다 포함한다(더 자세한 논의는 문장 6의 설명란에 나와 있다).

문장 6인 'For example, Penny et al. showed that PLA composites could be prepared using blending techniques[6] and more recently, Hillier[7] established the toughness of such composite.'에서 저자는 이 연구의 핵심 연구과제의 서론을 언급하고 있다.

인용논문을 아무런 순서도 없이 한 페이지에 다 갖다 놓을 수는 없다. 인용논문이나 연구결과들을 잘 배열해 주어야 독자들이 논리적 방법으로 그들을 이해할 수 있다. 다음에 3가지 선택사항을 보인다:

- 연대순으로(chronological): 연구논문들을 연대순으로 배열한다. 연구분야가 정치적인 결정사항들을 포함하는 경우에는 이런 방법이 좋다.
- 차별화된 접근법/이론/모델: 접근법 또는 방법론 별로 나눈 그룹 프로젝터나 연구결과. 유사한 프로젝터들을 묶어주면 문헌검토를 할 때 각 문장마다 'However'나 'On the other hand'로 시작하게 되는 앞뒤를 왔다 갔다 하는 'tennis match'효과를 피할 수 있다.
- 일반화/구체화: 일반적 연구결과로부터 서서히 당신 연구결과 쪽으로 이동해 가는 방법.

❑ 문장의 중간부분에 인용논문이 나오는 것은 어떤 경우인가?

한 문장에서 하나 이상의 인용논문에 대해 설명을 하고 싶을 경우나 인용논문이 문장의 일부분에만 국한된 참고사항일 경우 혼동을 피하기 위해 필요하다. 이런 예는 문장 6과 문장 7에 나와 있다.

문장 7인 'However, although the effect of the rubber particles on the mechanical properties of copolymer system was demonstrated over two years ago[8], little attention has been paid to the selection of an appropriate rubber component.'에서 저자는 연구의 모자라는 부분에 대해 언급하고 있다.

이 부분이 서론부분에서 당신 논문의 목적과 당신이 다루게 될 구체적인 문제점에 대해 소개하기 시작하는 곳이다. 이전 연구결과의 문제점을 설명하거나 이전 연구결과에서 이루지 못한 부분을 지적하면서 시작한다. 'However'나 'Although' 같은 접속사를 시작으로 문장을 만들면 편리하다. 문제점을 의문상태로 두는 것은 전문가답지 못하니까 당신이 시도해보고자 하는 예측사항이나 가설 등으로 설명을 해 두는 것이 바람직하다.

이전 연구자들의 문제점을 지적하는 것을 주저하지 마라. 첫 번째는 당신이 왜 이 연구를 하게 되었는지를 설명하기 위해서 필요하고 두 번째는 사용하는 언어가 공경심을 갖고 개인에 대해 지적하지 않으므로 공격적으로 느껴지지는 않기 때문이다. 이 단원 끝부분의 어휘절에서 사용하는 언어의 겸양적표현(politeness aspect)에 대해 살펴볼 것이다.

이 시점에서 더 많은 기초정보를 필요로 할 것이다(예컨대 당신이 조사하기로 마음먹은 물질의 특성에 대해 더 자세하게 언급하거나 성능을 향상하고자 하는 장비의 구체적인 부분에 대해 설명하는 등). 연구논문을 작성할 때에는 대학에서 논문을 작성할 때보다 더 많은 기초지식을 필요로 한다. 너무 작은 참고문헌을 제공하기보다는 오히려 너무 많은 문헌을 제공해주는 편이 더 좋다.

문장 8인 'The present paper presents a set of criteria for selecting such component.'에서 저자는 이 논문이 하고자 하는바에 대해 언급한다.

이 부분에서 현재의 연구로 넘어간다. 이 연구의 목적이나 초점이 무엇인지 밝히면서 어떻게 구성을 할 것이며 어떤 결합관계를 갖는지에 대해서도 설명을 한다. 1.2.3절을 보면 이런 문장은 수동과 능동 중 어떤 형태로 표현하는지가 나와 있다.

연구내용에 대해서 설명할 때에는 현재형으로 표현(This paper is organized as follows or This study focuses on)하지만 이 연구의 목적에 대해서는 과거형 시제(The aim of this project was...)를 사용한다. 이유는 이 연구가 시행되기 이전에 연구의 목표는 이미 설정되었을 것이기 때문이다. 연구목적을 현재시제로 표현하는 경우도 있는데, 이런 경우는 지금 논문에서 연구목적의 일부가 이루어지고 나머지는 나중에 이루거나 다음 논문에서 발표를 하게 될 때이다.

문장 9인 'On the basis of these criteria it then describes the preparation of a set of polymer blends using PLA and a hydrocarbon rubber(PI).'에서 저자는 이 논문에서 이루어지는 연구방법의 세부사항을 설명한다.

문장 10인 'This combination of two mechanically distinct polymerizations formed a novel copolymer in which the incorporation of PI significantly increased flexibility.'에서 저자는 이 연구에서 알아낸 사실에 대해 발표한다.

서론부분에서 연구방법이나 연구결과에 관한 정보를 제공할 수는 있지만 이 시점에서 너무 상세한 정보를 제공하지는 말아라. 그렇지 않으면 '방법 및 결과'란에서 당신이 기록할 내용이 없어질 것이니까.

저자가 문장 9와 10을 시작하는 방법을 잘 보아라. 앞의 문장과 대용형(profrom)을 사용하여 시작함으로써 모든 정보가 연결되어 있다는 사실이다(문장 9는 'On the basis of these criteria'로 그리고 문장 10은 'This combination'로).

1.3.3 모델(The model)

각 문장에서 저자가 한 일을 모아보았다.

문장 1 연구 토픽의 중요성을 부각시킨다.

문장 2 일반적인 배경 지식에 대해 언급한다.

문장 3 문장 1, 2와 비슷하지만 좀 더 구체적이고 상세하게 언급한다.

문장 4 일반적 문제 영역과 현재의 연구초점 등에 대해 언급한다.

문장 5 일반적인 문제점과 문헌논평 사이의 전환점을 제공한다.

문장 6 핵심연구프로젝터에 대해 간략하게 설명한다.

문장 7 연구의 모자라는 부분에 대해 언급하고 있다.

문장 8　논문의 정체성에 대해 언급한다.
문장 9　논문에서 사용된 방법론에 대해 자세하게 언급한다.
문장 10 알아낸 결과물에 대해 밝힌다.

이 문장들을 간소화하여 우리 모델이 4가지 기본 성분을 갖도록 만든다.

번호	포함되는 내용들
1	당신 연구분야의 중요성 수립 배경이 되는 사실/정보를 제공 제목과 핵심어에 나오는 용어들을 정의 문제 영역/현재의 연구초점을 제시
2	이전 그리고/혹은 현재의 연구내용과 공헌도
3	각 연구의 차이점(못다 이룬 문제) 해결책을 찾고자 하는 문제점 설명 해결방법을 예측하여 제시
4	현 논문에 대해 설명

1.3.4 모델 테스터(Testing the Model)

다음 단계는 실제 출판된 논문의 서론부분에서 우리가 세운 모델이 적용 되는 방법을 찾아보는 것이다. 다음에 실제 연구논문에서 발췌한 몇 가지 서론 전문을 싣는다. 이 서론을 철저히 읽어본 후 당신 생각에 모델의 분류번호 (1,2,3 혹은 4)의 어떤 부분에 해당하는지 적어보아라. 예컨대 서론부분의 첫 번째 문장이 우리 모델의 분류번호 1에 해당된다고 느껴지면 그 문장 끝부분에 '1'이라 표기한다.

The height of biomolecules measured with the atomic force microscope depends on electrostatic interaction

Introduction

Because the atomic force microscope (AFM) (Binnig *et al.*, 1986) makes it possible to image surfaces in liquids, it has become an important tool for studying biological samples (Drake *et al.*, 1989). Recent reports document the observation of protein assemblies under physiological conditions at nanometer resolution (Butt *et al.*, 1990; Hoh *et al.*, 1991; Karrasch *et al.*, 1993, 1994; Yang *et al.*, 1993, Schabert and Engel, 1994; Mou *et al.*, 1995b; Muller *et al.*, 1995b, 1996b). As demonstrated on solids under vacuum conditions (Sugawara *et al.*, 1995) and in liquid (Ohnesorge and Binnig, 1993), the AFM also makes it possible to measure sample heights with subangstrom accuracy. However, the heights of native biological samples measured with the AFM in aqueous solution vary significantly, and may differ from values estimated with other methods (Butt *et al.*, 1991; Apell *et al.*, 1993; Muller *et al.*, 1995b, 1996a; Schabert and Rabe, 1996). For example, the height reported for single purple membranes ranges from 5.1 ± 0 nm to 11.0 ±3.4 nm (see Table 1). Height measurements on actin filaments (Fritz *et al.*, 1995b), bacteriophage ø29 connectors (Muller *et al.*, 1997c), cholera toxin (Yang *et al.*, 1994; Mou *et al.*, 1995b), DNA (Hansma *et al.*, 1995; Mou *et al.*, 1995a; Wyman *et al.*, 1995), gap junctions (Hoh *et al.*, 1993), GroEL (Mou *et al.*, 1996), hexagonally packed intermediate layer (HPI) (Karrasch *et al.*, 1993; Muller *et al.*, 1996a;

Schabert and Rabe, 1996), lipid bilayers (Mou *et al.*, 1994, 1995b; Radler *et al.*, 1994), and microtubules (Fritz *et al.*, 1995a) exhibit a similar variability. Height anomalies of soft surfaces have previously been studied and attributed to the mechanical properties of the sample (Weisenhorn *et al.*, 1992; Radmacher *et al.*, 1993, 1995; Hoh and Schoenenberger, 1994). However thin samples such as two-dimensional protein arrays or biological membranes adsorbed to a solid support are not sufficiently compressible to explain such large height variation. Here we demonstrate that electrostatic interactions between theAFM tip and the sample (Butt, 1991a, b) influence the measured height of a biological structure adsorbed to a solid support in buffer solution. The DLVO (Derjaguin, Landau, Verwey, Overbeek) theory (Israelachvili, 1991) is used to describe the electrostatic repulsion and van der Waals attraction acting between tip and sample (Butt *et al.*, 1995). Experimental results and calculations show that the electrostatic double-layer forces can be eliminated by adjusting the electrolyte concentration (Butt, 1992a, b), providing conditions for correct height measurements with the AFM. In addition, the observed height dependence of the biological structure on electrolyte concentration allows its surface charge density to be estimated.

Optimal location discrimination of two multipartite pure states

1. Introduction

Entanglement lies at the heart of many aspects of quantum information theory and it is therefore desirable to understand its structure as well as possible. One attempt to improve our understanding of entanglement is the study of our ability to perform information theoretic tasks locally on non-local states, such as the local implementation of non-local quantum gates [2], telecloning [3], the remote manipulation and preparation of quantum states [4] or the recently studied question of the local discrimination of non-local states by a variety of authors. In [1] it was shown that any two orthogonal pure states can be perfectly discriminated locally, whereas in [5] examples of two orthogonal mixed states were presented which cannot be distinguished perfectly locally. Another surprising development is that there exist bases of product orthogonal pure states which cannot be locally reliably discriminated, despite the fact that each state in the basis contains no entanglement [6]. Here we discuss the issue of discriminating two non-orthogonal pure states locally, and show that in this regime the optimal global procedure can be achieved.

Inert COD production in a membrane anaerobic reactor treating brewery wastewater

Introduction

The chemical characterization of wastewaters is commonly undertaken to determine their biological treatability, load on an existing treatment system, or compliance with the final discharge standards. In each case, one of the most important parameters to be measured is the chemical oxygen demand (COD). In general, the COD value of a wastewater mainly represents the biodegradable and non-biodegradable organic components, although inorganic compounds may be significant in certain cases. In biological treatment systems, the biodegradable fraction of wastewater can be removed effectively, but its non-biodegradable fraction passes through the system unchanged. In addition to this, a significant amount of soluble microbial products may be produced by microorganisms within the treatment systems. Some of these will be resistant to biological degradation and will appear in reactor effluents. The factors that affect effluent quality and overall organic matter removal in biological treatment systems are, therefore, the presence of both the inert COD fraction in the influent wastewater and the soluble microbial products which are produced during biological treatment. Although their concentrations may have few practical implications in the treatment of low strength wastewaters, they may have relatively greater significance in the treatment of medium-high strength industrial wastewaters.

There is extensive literature on the determination of inert COD fractions in industrial wastewaters under aerobic conditions (Chudoba, 1985; Ekama *et al.*, 1986; Rittman *et al.*, 1987; Henze *et al.*, 1987; Orhon *et al.*, 1989; Germirli *et al.*, 1991). However, little has been reported under anaerobic conditions (Germili *et al.*, 1998; Ince *et al.*, 1998). Since medium-high strength industrial wastewaters have been treated efficiently by anaerobic treatment systems, both the inert COD fraction of wastewaters under anaerobic conditions and the soluble microbial products produced within the anaerobic treatment systems should be investigated.

A novel anaerobic reactor system, crossflow ultrafiltration membrane anaerobic reactor (CUMAR) has previously shown great potential for retaining high biomass levels and high biological activity within a fully functioning anaerobic digester (Ince *et al.*, 1993, 1994, 1995a). Since the CUMAR system can be operated at high organic loading rates, the quantification of its efficiency under varying loading rates would be of considerable interest, particularly with regard to the nature and quantity of soluble COD produced in the reactor effluent under various operating conditions.

In this study, formation of soluble microbial products within a 120:1 [is this correct? Should it be 120:1?] pilot-scale CUMAR system treating brewery wastewater will, therefore, be discussed in relation to reactor operating conditions.

Organic vapour deposition: a new method for the growth of organic thin films with large optical non-linearities

1. Introduction

There is considerable interest in organic materials with large second-order hyperpolarizabilities for use in non-linear optical (NLO) devices such as modulators and frequency doublers [1]. To achieve a high figure of merit for such NLP devices requires a material with a non-centrosymmetric bulk structure and low dielectric constant.

To this end, NLP-active chromophores are traditionally incorporated into a polymer matrix and electrically poled to achieve the necessary bulk symmetry. However, such materials are limited by their low glass transition temperatures and poor stabilities at elevated temperature.

Recently, single crystals of organic and organometallic salts [2–4] have been shown to possess extremely large second-order ($x^{(2)}$) NLP effects leading to a high second harmonic generation (SHG) efficiency. The naturally non-centrosymmetric crystal structures of these compounds obviates the need for external poling. Furthermore, these salts have a high optical damage threshold and sufficient stability with respect to temperature to withstand many conventional semiconductor fabrication processes. In particular, highly pure single crystals of the salt, 4'-dimethylamino-N-methyl-4-stilbazolium tosylate (DAST) [2], have been shown to have a value of $x^{(2)}$ at least 10^3 times greater than that of urea due to dipole alignment of the cation and anion constituents of the DAST structure. To illustrate this alignment, the DAST bulk crystal structure is shown in the inset of Fig. 1.

For many applications such as waveguide devices, it is desirable to grow NLO materials into optical quality thin films. Although thermal evaporation in a high vacuum environment has been used to grow thin films of many organic [5–7] and inorganic materials, the technique is not always applicable to highly polar molecules [8] or organic salts.

For example, when heated in vacuum, DAST decomposes before vaporization. Although in situ reactions of multicomponent organic molecules to synthesize polymer films previously has been demonstrated using vacuum techniques as physical vapour deposition or vapour deposition polymerization [9], attempts in our own laboratory at double-source co-evaporation of DAST neutral precursors 4'-dimethylamino-4-stilbazole (DAS) and methyl p-toluenesulfonate (Methyltosylate, MT) to form DAST have been unsuccessful, due in part to the radically different vapour pressures of DAS and MT, which leads to highly non-stoichiometric growth.

In contrast, atmospheric or low pressure (eg milliTorr) vapour phase epitaxy (VPE) has been used to grow epitaxial thin films of many III-V compound semiconductors, such as InP and GaAs, where there is a large difference in the vapour pressures of the group III and group V atomic constituents [10]. This method was recently extended to allow the growth of III-V and II-VI semiconductors from volatile organic precursors [11]. Here, a high vapour pressure compound (typically a metal halide or a metallorganic) of each respective metal is carried independently, via a carrier gas, to a high temperature reaction zone. In this zone, the compounds are deposited onto a heated substrate where they thermally decompose and react to yield the desired III-V compound. The excess reactants and reaction products are then exhausted from the system via a scrubber.

In this paper we apply the techniques of VPE to grow films of DAST by the reaction of two volatile organic materials in a hot-wall, atmospheric pressure reactor. By nuclear magnetic resonance (NMR) analysis, we find that the stoichiometry of polycrystalline DAST films is >95% pure (limited by instrumental sensitivity). Using X-ray diffraction and other analytical techniques, we observe a significant dependence of film quality, such as ordering and crystallite size, on the substrate composition and other deposition conditions used for growth, suggesting that it may be possible to generate optical quality thin films of DAST and similar organic salts and compounds by OVPD using suitable substrates. To our knowledge, this is the first demonstration of the deposition of ordered thin films of a highly non-linear optically active organic salt using atmospheric vapour phase techniques.

Limitations of charge-transfer models for mixed-conducting oxygen electrodes

Introduction

Traditionally, electrochemistry is concerned with charge-transfer reactions occurring across a 2-dimensional interface. Indeed, at any macroscopic two-phase boundary, the magnitude, direction and driving force for current density can be described relatively unambiguously. As early as 1933 [1], workers began introducing the concept of a 'three-phase boundary' (solid/liquid/gas) in order to allow for direct involvement of gas-phase species at an electrochemical interface. However, since matter cannot pass through a truly one-dimensional interface among three phases, concepts of 'interfacial area', 'current density', and 'overpotential'at a three-phase boundary lack clear definition. For example, where exactly is the current flowing from/to, and what is the local flux density? Also, if we define overpotential in terms of thermodynamic potentials of species outside the interfacial region, what species and region are we talking about? Although the three-phase boundary concept may serve as a useful abstraction of the overall electrode reaction, it does not address these mechanistic questions.

Workers studying gas-diffusion electrodes in the mid-1960s recognized the limitations of the three-phase boundary concept [2, 3]. As an alternative, they began to break down the electrode reaction into individual steps, some that involve charge-transfer across a two-dimensional interface, and some that involve dissolution and diffusion of molecular species in three dimensions or across a chemical interface. These and subsequent studies have demonstrated that electrodes with i-V characteristics indicative of charge-transfer limitations (eg. Tafel behaviour) can, in fact, be limited by steps that do not themselves involve charge-transfer [4]. Although the solid-state literature has held on to the three-phase boundary concept more tightly than the aqueous or polymer literature, few examples remain today or solid-state electrochemical reactions that are not partially limited by solid-state reaction and diffusion processes.

One example is the O_2-reduction reaction on a mixed- conducting perovskite electrode, which defies rational explanation in terms of interfacial impedance. In order to incorporate non-charge-transfer effects, workers often apply an empirical Butler-Volmer model (for DC characteristics) or an equivalent-circuit model (for AC impedance) that treat non-charge-transfer processes in terms of an effective overpotential/ current relationship [5, 6]. However, this approach lacks generality and

can often be incorrect for treating oxygen absorption and solid-state and gaseous diffusion, which contribute to the impedance in a convoluted manner [7]. Although such models may provide a useful set of parameters to 'fit' data accurately, they leave the electrode reaction mechanism only vaguely or empirically defined, and provide little mechanistic insight.
The purpose of this paper is to provide a framework for defining 'charge-transfer' and 'non-charge-transfer' processes, and to illustrate how they are different. We investigate why charge-transfer models have difficulty modelling non-charge-transfer effects, and walk through several examples including the ALS model for oxygen reduction on a porous mixed-conducting oxygen electrode. We then review a recent study of linear AC polarization of La1-x Srx CoO3-5 (LSCO) electrodes on ceria that corroborates the ALS model, and demonstrates the importance of O_2 surface exchangeand diffusion. This study shows that the electrode reaction extends up to 20 microns beyond the electrode/electrolyte interface, implying that electrode polarization is better described by macroscopic thermodynamic gradients than as an 'overpotential'.

이제 당신이 참조하는 논문의 서론부분에도 동일한 작업을 해 보아라. 거의 대부분의 서론부분이 모델번호 1의 형태로 시작을 하고 모델 번호 순서대로 내용을 전개해 나가다가(모델번호 2와 3은 여러 번 발생할 수도 있음) 모델번호 4로 끝을 맺는다는 사실을 발견할 것이다. 그러므로 이 단원의 제일 처음 부분에서 제시하였던 3가지 의문점에 대한 해답을 구한 것이다.

- 일반적인 연구자들은 서론 부분은 어떻게 시작을 하는가?
- 당신의 서론에는 어떤 종류의 정보들이 어떤 순서로 들어가 있는가?
- 일반적인 연구자들은 어떻게 서론 부분을 끝맺는가?

1.4 어휘(Vocabulary)

서론 모델의 각 부분에 필요한 어휘를 모을 차례이다. 이 절에서 모은 어휘들은 각기 다른 분야 600여 편의 연구논문 중에서 발췌한 것이다. 그 연구논문들은 과학전문 잡지사에서 발행된 것들이고 또 모두 영어권 사람들에 의해 작성된 논문들이었다.

자주 등장하는 '단어/구'들만 포함한다; 이 의미는 저자와 편집자 모두에 의해 인정을 받은 정상적이라 여겨지는 단어와 구들로만 리스트를 만들었다는 뜻이다. 모델의 4가지 영역별 어휘에 관해 살펴보기로 하자.

1. 중요성 부각

여기서는 'Much research in recent years'같은 구문을 포함한다. 보편적으로 사용되는 단어나 표현법을 리스트로 잘 만들어두면 이 어휘들을 당신 논문의 서론 첫 문장에 아주 자신 있게 사용할 것이다.

2. 이전 그리고/혹은 현재의 연구와 그 기여도

'calculated' 혹은 'monitored'등과 같이 연구에서 이루어진 것을 설명하는 과거시제들을 포함한다. 단지 그냥 'did', 'showed' 그리고 'found'만 사용하는 대신에 연구에서 실제로 어떤 일을 했는지를 구체적으로 언급할 필요가 있다.

3. 차별사항/문제점/의문점/예측

당신 논문에서 다루고자 하는 문제점이 이전 혹은 현재의 연구에서 아직 해결이 안 되었다거나 혹은 문제가 제기되지도 않았는지 등에 대해 'However, few studies have focused on...'처럼 정확하게 언급해준다.

4. 현재 연구

당신 논문의 목적 및 구성을 어떻게 할 것인지 그리고 문제점을 풀어나갈 계책 등에 대해 'the aims of the present work are as follows:' 같은 식으로 언급한다.

□ **어휘 작업(vocabulary task)**

이 단원에 나오는 서문들과 당신이 참조로 하는 논문의 서문을 자세하게 살펴보아라. 앞에서 주어진 4가지 영역에 각각 해당한다고 생각되는 단어나 구문 부분에 강조표시를 해 두어라.

다음 페이지에 유용한 어휘 전체목록을 보인다. 여기에는 이 단원에서 나오는 모든 적절한 단어들이나 어휘들과 당신이 참조논문 등에서 볼 수 있는 일반적인 단어 및 어휘를 다 포함한다. 각각의 예제들 아랫부분에는 사용법에 대한 설명이 나와 있다. 그 리스트를 잘 읽어보고 사전에 나오지 않는 의미에 대해 잘 익혀 두어라. 이 리스트는 오랫동안 아주 유용할 것이다.

1.4.1 서론부분에 사용되는 어휘들

1. 중요성 설정(Establishing Significance)

(a) basic issue	economically important
(a) central problem	(has) focused (on)
(a) challenging area	for a number of years
(a) classic feature	for many years
(a) common issue	frequent(ly)
(a) considerable number	generally
(a) crucial issue	(has been) extensively studied
(a) current problem	importance/important
(a) dramatic increase	many
(an) essential element	most
(a) fundamental issue	much study in recent years

(a) growth in popularity	nowadays
(a) increasing number	numerous investigation
(an) interesting field	of great concern
(a) key technique	of growing interest
(a) leading cause (of)	often
(a) major issue	one of the best-known
(a) popular method	over the past ten years
(a) powerful tool/method	play a key role (in)
(a) profitable technology	play a major part (in)
(a) range (of)	possible benefits
(a) rapid rise	potential applications
(a) remarkable variety	recent decades
(a) significant increase	recent(ly)
(a) striking feature	today
(a) useful method	traditional(ly)
(a) vital aspect	typical(ly)
(a) worthwhile study	usually
(an) advantage	well-documented
attracted much attention	well-known
benefit/beneficial	widely recognized
commercial interest	widespread
during the past two decades	worthwhile

실제로 사용되는 몇 가지 예를 보인다.

- A **major current focus** in population management is how to ensure sustainability of…
- **Numerous experiments have established that** ionising radiation causes…
- Low-dose responses to radiation have **generated considerable recent research interest**.

- Analysis of change in the transportation sector is **vital** for two **important** reasons: …
- PDA accounts for **over 95%** of all pancreatic cancers.
- **It is generally accepted that** joints in steel frames operate in a semi-rigid fashion.
- Nanocrystalline oxide films **are attracting widespread interest** in fields such as…
- **The importance of** strength anisotropy has been demonstrated by…
- Convection heat transfer phenomena **play an important role in** the development of…
- For **more than 100 years** researchers have been observing the stress-strain behaviour of…
- **Much research in recent years has focused on** carbon nanotubes.

2. 이전이나 현재의 연구내용과 기여도 등을 보여주는 문헌검토에 사용되는 동사들

achieve	develop	obtain
address	discover	overcome
adopt	discuss	perform
analyze	enhance	point out
apply	establish	predict
argue	estimate	present
assume	evaluate	produce
attempt	examine	propose
calculate	explain	prove
categorize	explore	provide
carry out	extend	publish
choose	find	put forward
claim	focus on	realize

classify	formulate	recognize
collect	generate	recommend
compare	identify	record
concentrate (on)	illustrate	report
conclude	implement	reveal
conduct	imply	revise
confirm	improve	review
consider	incorporate	show
construct	indicate	simulate
correlate	interpret	solve
deal with	introduce	state
debate	investigate	study
define	measure	support
demonstrate	model	suggest
describe	monitor	test
design	note	undertake
detect	observe	use
determine	prefer	utilize

실제로 사용되는 몇 가지 예를 보인다.

- This phenomenon **was demonstrated** by…
- In their study, expanded T-cells **were found** in…
- Initial attempts **focused on identifying** the cause of…
- Weather severity **has been shown to**…
- Early data **was interpreted** in the study by…
- The algorithm **has been proposed** for these applications…
- The results on pair dispersion **were reported in**…
- Their study **suggested** a possible cause for…
- An alternative approach **was developed** by…

3. 차별성/의문점/문제점/비평(gap/question/problem/criticism)

여기에는 'however, although, while, nevertheless, despite, but'등의 단어가 사용된다.

ambiguous	(the) absence of
computationally demanding	(an) alternative approach
confused	(a) challenge
deficient	(a) defect
doubtful	(a) difficulty
expensive	(a) disadvantage
false	(a) drawback
far from perfect	(an) error
ill-defined	(a) flaw
impractical	(a) gap in our knowledge
improbable	(a) lack
inaccurate	(a) limitation
inadequate	(a) need for clarification
incapable (of)	(the) next step
incompatible (with)	no correlation (between)
incomplete	(an) obstacle
inconclusive	(a) problem
inconsistent	(a) risk
inconvenient	(a) weakness
incorrect	
ineffective	(to be) confined to
inefficient	(to) demand darification
inferior	(to) disagree
inflexible	(to) fail to
insufficient	(to) fall short of
meaningless	(to) miscalculate
misleading	(to) misjudge
non-existent	(to) misunderastand

not addressed	(to) need to re-examine
not apparent	(to) neglect
not dealt with	(to) overlook
not repeatable	(to) remain unstudied
not studied	(to) require clarification
not sufficiently + adjective	(to) suffer (from)
not well inderstood	few studies have...
not/no longer useful	it is necessary to...
of little value	little evidence is available
over-simplistic	little work has been done
poor	more work is needed
problematic	there is growing concern
questionable	there is an urgent need...
redundant	this is not the case
restricted	unfortunately
time-consuming	
unanswered	
uncertain	
unclear	
uneconomic	
unfounded	
unlikely	
unfounded	
unlikely	
unnecessary	
unproven	
unrealistic	
unresolved	
unsatisfactory	
unsolved	
unsuccessful	
unsupported	

실제로 사용되는 몇 가지 예를 보인다.

- Few researchers have addressed the...
- **Few researchers have addressed the problem** of…
- **There remains a need for** an efficient method that can…
- However, light scattering techniques have been **largely unsuccessful** to date.
- The high absorbance makes this **an impractical option** in cases where…
- **Unfortunately**, these methods do not always guarantee…
- **An alternative approach** is necessary.
- The function of these proteins **remains unclear**.
- These can be **time-consuming** and are often **technically difficult** to perform.
- **Although** this approach improves performance, it results in **an unacceptable** number of…
- Previous work has focused **only** on…
- However, the experimental configuration was **far from optimal**.

주의 일부 단어들은 매우 비판적 성향이 강하다. 당신 지도교수와 연구에 대해 대화할 때 사용 가능하다고 생각이 드는 단어에는 '*' 표시를 해 두는 것도 좋은 훈련이다. 좀 더 완화된 표현법을 사용할 수 있을 것이다. (즉 아주 강한 비판적 어조인 'unsuccessful' 대신에 'may not always be completely successful' 같은 표현을 사용)

(to) attempt	(is) organized as follows:	(were/are) able to
(to) compare	(is) set out as follow:	accurate/accurately
(to) concentrate(on)	(is/are) presented in detail	effective/effectively
(to) conclude	(our) approach	efficient/efficiently
(to) describe	(the) present work	excellent results
(to) discuss	(this) paper	innovation
(to) enable	(this) project	new
(to) evaluate	(this) report	novel method
(to) expect	(this) section	powerful
	(this) study	practical

4. 현재 연구

<table>
<tr><td rowspan="2">(to) facilitate
(to) illustrate
(to) improve
(to) manage to
(to) minimize
(to) offer
(to) outline
(to) predict
(to) present
(to) propose
(to) provide
(to) reveal
(to) succeed</td><td rowspan="2">(this) work
begin by/with
close attention is paid to
here
overview</td><td>simple
straightforward
successful
valuable</td></tr>
<tr><td>aim
goal
intention
objective
purpose</td></tr>
</table>

실제로 사용되는 몇 가지 예를 보인다.

- **This paper focuses on**…
- **The purpose of this study is to describe and examine**…
- **In order to** investigate the biological significance…

- **In this paper we present**…
- New correlations were developed with **excellent** results…
- **In the present study** we performed…
- **This paper introduces** a scheme which solves these problems.
- **The approach we have used in this study** aims to…
- **This study** investigated the use of…
- **In this report** we test the hypothesis that…
- **This paper is organised as follows**:…

주의 학위논문이나 장문의 연구논문 같은 경우 각 장(chapter)이나 절(section)에서 무슨 일을 하는지 설명할 때 사용한다. 'discuss'처럼 두루뭉술한 표현은 사용하지 마라. 어떤 장/절에서는 전혀 'discuss'가 없을 수도 있고 설혹 있다하더라도 목적은 어떤 사실이나 사물을 'compare' 하거나 'analyse' 혹은 'describe' 한다고 표현하여라.

1.5 서론 작성하기(Writing an Introduction)

다음 작업은 이 단원에서 배운 모든 정보를 다 함께 가져와 사용해 보는 것이다. 지금까지 배운 문법이나 어휘들을 이용하여 모델을 따라서 당신 자신의 서론을 작성해본다. 당신 앞에는 1.3절에서 배운 모델과 1.4절에서 배운 어휘가 놓여 있다.

이 단원 전체에 걸쳐 영어로 만드는 과학논문 작성법이 배우기도 쉽고 쓰기도 쉬우며 비영어권 문장을 직접 번역하는 것보다도 더 독자들이 읽기도 쉽고 훨씬 창작적인 논문 작성법이라는 사실을 알았을 것이다. 서론을 작성하는 관례적인 모델(conventional model)에 대해 배웠으며 관례적으로 사용되는 어휘들에 대해서도 배웠다. 이제 당신이 만드는 문장 양식(pattern)도 관례적이어야 할 것이다; 당신이 참고로 하는 논문과 당신 논문의 문장 양식용 모델이 될 이 책에 보여준 서론에서 읽어 본 문장을 사용하여 실제 작업에 적용해 보아라.

지금은 정확하게 모델에 준하는 작업을 하여라. 한두 번 실습을 해 본 후 필요에 따라 변용해 보아라. 하지만 변형시킨 서론내용도 정보가 적절한 순서대로 들어가 있는지 그리고 독자들이 서론에서 당신이 무슨 일을 하는지 알 수 있게 만들어졌는지를 반드시 확인해 보아야 한다.

모델 해답이 실마리(Key) 절(1.5.2)에 주어져 있지만 가능하다면 당신이 어휘들을 정확하게 사용하는지를 확신할 수 있도록 원어민이 확인을 해 준 당신 자신만의 해답을 가지려고 노력을 해야 한다.

1.5.1 서론 작성하기(Write an Introduction)

자전거 타는 사람을 상처나 오염 그리고 비(rain)로부터 보호할 수 있는 자전거 덮개를 디자인 하는 연구 프로젝터를 방금 마쳤다고 가정하자. 이 발명품을 사용하는 시뮬레이션을 보여주거나 환기시스템을 모델화하여 보여줄 것이다. 당신이 공기동역학(aerodynamics) 분야에서 일을 하거나 폴리머 재질로 덮개를 제작하는 분야 혹은 다른 어떤 분야에서 일을 할 수도 있을 것이다. 'Journal of Pedal-Powered Vehicles (Vol.3)'에 투고할 논문용 서론을 작성해 보아라. 서론의 길이는 200∼400 단어 이내이어야 한다. 내용을 적당하게 꾸며내고 가상의 참고문헌을 인용하여라. 가능하면 모델을 따르려고 노력하여라; 당신 논문이 모델의 4가지 중요성분을 모두 포함하고 있는지 확인하고 새로운 어휘를 시도해 보아라.

당신 논문의 제목은 'A COVER FOR THE SPPPV(Single-Person Pedal-Powered Vehicle)'이고 200∼300 단어 이내로 내용을 만들어야 한다. 실마리가 풀리지 않고 그 다음에 무엇을 해야 될지 모를 때 모델과 어휘가 당신에게 다음 단계로 나가는데 도움을 줄 것이다. 글쓰기를 마치기 전까지는 실마리(1.5.2절)을 보자 마라.

1.5.2 실마리(Key)

샘플 답안을 보인다. 모델의 어느 부분이 각 문장에 적용되는지 생각해 보면서 읽어 보아라.

A COVER FOR SPPPV
(Single-Person Pedal-Posered Vehicle)

Concern about global warming and urban air pollution have become central issues in transport policy decision-making, and as a result much research in recent years has focused on the development of vehicles which are environmentally friendly. Air quality in cities is currently significantly lower than in rural areas[1] and this has been shown to be directly linked to the level of vehicle emissions from private cars.[2] Due to the fact that urban transport policy in the UK is designed to reduce or discourage the use of private cars,[3] there has been an increase in the sale of non-polluting vehicles such as the SPPPV (Single-Person Pedal-Powered Vehicle). However, although the number of SPPPV users has increased, safety and comfort issues need to be addressed if the number of users is to increase to a level at which a significant effect on environmental pollution can be achieved.

Researchers have studied and improved many aspects of the SPPPV. In 1980, Wang *et al.* responded to the need for increased safety by designing an SPPPV surrounded by a 'cage' of safety bars,[4] and in 2001 Martinez developed this further with the introduction of a reinforced polymer screen which could be fitted to the safety bars to protect the cyclist's face in the event of a collision.[5] The issue of comfort has also been addressed by many design teams; in 1998 Kohl *et al.* introduced an SPPPV with a built-in umbrella, which could be opened at the touch of a button,[6] and more recently, Martinez[7] has added a mesh filter which can be placed over the entire cage to reduce the risk of environmental pollution. However, the resulting 'cage' or cover is aerodynamically ineffective due to the shape of the umbrella and the weight of the mesh filter. In this study, we used computer simulation to model the aerodynamic effect of the existing safety and comfort features and we present a new design which integrates these features in an optimally-effective aerodynamic shape.

단원 2

방법론(Methodology) 작성법

2.1 구조(structure)

이 단원의 제목인 방법론은 학문분야별로 그리고 논문별로 그 명칭이 달라진다. 때로는 'Materials and Methods'이라 불리기도 하고 또는 'Procedure, Experiments, Experimental, Simulation, Methodology 또는 Model'등으로 불리기도 한다. 이 절은 연구논문 중 한 일을 보고(report)하는 중심부분의 첫 부분으로서(두 번째 부분은 결과(Results) 부분이다) 당신이 어떤 장비를 사용하여 어떤 일을 했는지 언급하는 곳이다.

대부분의 저널들은 저자용 가이드라인을 제시한다(보통 인터넷으로 보급). 이 단원을 읽기 이전에 당신이 즐겨 보는 저널의 가이드라인을 먼저 찾아보아라. 운이 좋다면 그림에 관련된 기술적인 정보뿐 아니라 각 절에서 편집자가 뭘 원하는지에 대해 간략하게 언급을 해 둔 곳도 있을 것이다. 다음이 전형적인 가이드라인의 한 예이다.

> 방법란에는 독자들이 동일한 실험을 해서 같은 결과를 얻을 수 있을 정도로 방법에 대해 자세하게 언급해 두어야 한다(The Methodology should contain sufficient detail for readers to replicate the work done and obtain similar results).

재현성을 가질 수 있을 정도로 충분히 자세한 내용을 포함해야 한다. 하지만 형식은 단지 무슨 일을 어떻게 했는지를 기록하는 것으로만 끝이 나서는 안 된다. 지금까지는 당신의 스승처럼 당신보다 더 당신의 일을 잘 아는 사람에게 보여주기 위한 글을 작성했겠지만 이제부터는 이런 행위에서 큰 변화를 주어야 한다는 것이다. 지금까지는 당신보다 더 연구를 잘하는 사람들이 설치해 둔 장치의 원리를 잘 이해하고 그 장치를 운용할 수 있다는 것을 보여 주어야만 했다. 그러나 이제 연구논문을 작성할 때에는 오히려 독자들이 당신에게서 무언가를 배우게 된다. 그러므로 새로운 작업과정, 새로운 방법 혹은 새로운 접근법 등에 대한 정보를 당신의 논문을 읽는 독자들과 공유하여 독자들이 동일한 실험을 해서 동일한 결과를 얻을 수 있을 뿐 아니라 당신의 실험과정을 이해하고 인정할 수 있도록 독자들과 소통할 수 있어야 한다.

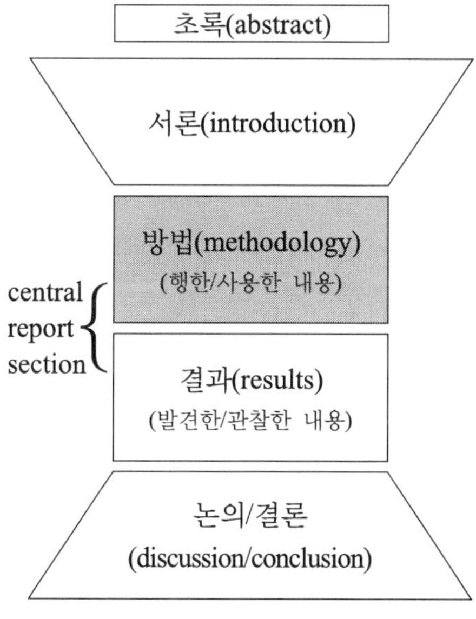

** 그림 2.1 연구논문이나 학위논문의 짜임새

다음과 같은 3가지 질문을 할 때

- 어떻게 방법/실험 절을 시작할까? 어떤 형태의 문장으로 시작해야 할까?
- 이 절에는 어떤 형태의 정보가 어떤 순서로 들어가야 할까?
- 이 절을 어떻게 끝마칠까?

당신은 이미 방법 절은 당신이 한 일과 사용한 방법에 대해 자세한 설명이 들어가 있어야 한다는 것을 알고 있으므로 질문에 대한 해답의 삼분의 2는 이미 된 것이다. 하지만 이것이 다는 아니다. 이 연구 논문에서 이루어진 일에 대해 신뢰할 수 있도록 하려면 다른 중요한 정보도 포함해야 한다.

다음 예를 보자. 논문 제목은 '런던 유역 석화암층 지하수의 화학 성분 변화(Changes in the chemistry of groundwater in the chalk of the London Basin)'이다. 제목의 주제가 친숙하지 못하거나 제목에 나오는 'groundwater'같이 기술적인 단어들의 뜻을 이해하지 못하더라도 걱정하지 마라. 지금은 단지 일반적인 이해만 하려고 노력하고 사용하는 언어의 형태와 친숙해지려고 노력하여라.

Methodology

1 The current investigation involved sampling and analysing six sites to measure changes in groundwater chemistry. **2** The sites were selected from the London Basin area, which is located in the south-east of England and has been frequently used to interpret groundwater evolution.[2,3,4]

3 A total of 18 samples was collected and then analysed for the isotopes mentioned earlier. **4** Samples 1-9 were collected in thoroughly-rinsed 25 ml brown glass bottles which were filled to the top and then sealed tightly to prevent contamination. **5** The filled bottles were shipped directly to two separate laboratories at Reading University, where they were analysed using standard methods suitably miniaturized to handle small quantities of water.[5]

6 Samples 10–18 were prepared in our laboratory using a revised version of the precipitation method established by the ISF Institute in Germany.[6] **7** This method obtains a precipitate through the addition of BaCl2.2H2O; the resulting precipitate can be washed and stored easily. **8** The samples were subsequently shipped to ISF for analysis by accelerator mass spectrometry (AMS). **9** All tubing used was stainless steel, and although two samples were at risk of CFC contamination as a result of brief contact with plastic, variation among samples was negligible.

2.2 문법과 작성 기술(Grammar and Writing Skills)

이 절에서는 방법론에서 중요한 3가지 표현법에 대해 다룬다.

- 수동태와 시제 (Passive and Tense Pairs)
- 'A'와 'THE'의 사용법 (Use of 'A' and 'THE')
- 부사와 부사의 위치 (Adverbs and Adverb Location)

2.2.1 수동태와 시제(Passive and Tense Pairs)

문장이 능동에서 수동으로 바뀌면 다음과 같이 된다.

The dog bit the policeman.	능동
The policeman was bitten by the dog.	수동

정식 학술 논문 작성 시, 당신이 한 일을 언급하는 문장을 능동에서 수동으로 고쳐 표현할 때에도 'by us'나 'by me' 등으로 표기하지는 않는다. 단지 무주체(agentless) 문장으로 표현을 한다.

We/I collected the samples	능동
The samples were collected	수동

당신이 한 일과 사용한 장비 등에 대해 자세한 설명을 하기 전에 투고하고자 하는 저널에서 제공하는 저자 가이드라인을 확인해 보아야 한다(만약 영어권 대학에서 학위논문을 준비 중이라면 지도교수와 의논하여라). 그 저널은 〈방법〉절을 수동형으로 표현하는지 능동형으로 표현하는지를 확인해보라. 당신이 연구 팀의 일원으로서 일을 했다면 능동형(we collected)으로 표현할 수 있다. 박사학위 논문을 작성할 때에는 능동표현을 잘 사용하지 않는데 그 이유는 당신이 홀로 일을 했으며 연구가 여러 명의 저자에 의해서가 아니라 혼자만(I collected)에 의해 이루어졌기 때문이다. 대부분의 경우 연구에서 이루어진 과정들은 현재 수동형(is collected)이나 과거 수동형(was collected)으로 표현을 한다. 이런 결정을 하기 위해선 능동과 수동의 장단점을 찾아보아야 한다.

(a) A flexible section is inserted in the pipe. 현재수동형
(b) A flexible section was inserted in the pipe. 과거수동형

당신이 한 일과 사용한 장비에 대해 언급할 때 표준 과정들을 구별하여 언급해 주어야 한다는 것이다. 즉 어떤 일이 일반적으로 이루어졌으며 어떻게 장비의 일부가 구축되었으며 당신 스스로 한 일이 무엇인지를 잘 구분하여 기술해주어야 한다. 앞의 예에서 (a)는 일반적으로 이루어진 일이 무엇인지 혹은 연구에서 사용된 장비의 일부를 설명하기 위해 현재단순시제를 사용했으며 (b)는 당신 스스로가 무엇을 했는지를 설명하기 위해 과거단순시제를 사용했다. (a)와 (b) 두 경우 모두 문장 끝 부분에 'by the researcher'나 'by me' 같은 주체를 생략한 수동형 표현을 사용하는 것이 일반적이다. 정식 논문에서 이런 형식 즉 무주체(agentless) 형식이 일반적이다. 그러나 행동주체가 언급이 안 되어 있으므로 독자들이 일반적으로 이루어진 일(a)과 당신이 직접 한 일(b)을 구별할 수 있는 유일한 방법은 시제(tense)이다. 당신이 참고로 하는 논문을 확인해 보아라. 일반적 작업

인 경우에는 현재수동형을 사용하지만 직접 한 일에 대해서는 과거수동형을 사용한다는 것을 확인할 수 있을 것이다.

만약 당신이 문장을 작성할 때 시제에 주의를 기울이지 않는다면 당신 스스로 한 일과 당신이 설명하고 있는 일반적 사실 사이에 혼동이 일어남을 알 수 있다. 이는 아주 흔하게 발생하는 일로서 심지어는 원어민도 이런 실수를 하게 되는데 매우 심각한 결과를 초래한다. 만약 독자들이 당신 자신이 한 일을 알지 못한다면 이는 재앙이 아니겠는가! 다음 예를 보자.

> Two dye jets **are** placed in the laser cavity. A gain jet **is** then excited by an argon ion laser and the pulses **are** spatially filtered in order to obtain a Gaussian beam. Polarization **is** confirmed using a polarising cube. The pulses **were** split into reference pulses and probe pulses and the reference pulses **were** carefully aligned into the detector to minimize noise levels.

이 경우 'splitting the pulses into two groups for testing'은 저자 연구진의 중요한 혁신이지만 독자가 이를 알 수 있는 유일한 길은 현제수동형 시제로부터 과거수동형 시제로 바꾸어주었기 때문이다. 다른 예를 하나 더 보자.

> Samples for gas analysis **were collected** using the method described by Brown(1999), which **uses** a pneumatic air sampling pump.

수동형 문장의 또 다른 문제는 당신이 사용한 과정과 다른 연구자 그룹이 행한 과정을 비교할 때 발생한다. 당신이 사용한 방법을 설명할 때 과거단순(past simple) 무주체(agentless) 수동형 표현을 사용(the samples were collected using a suction tube)할 수 있지만 당신 논문에 다른 연구그룹의 연구결과(the samples were collected using a suction tube)를 인용하고자 할 때에도 동일한 시제를 사용할 수 있다. 당신이 아주 주의하지 않으면 독자들이 당신의 업적과 다른 연구자들의 업적을 구분할 수 있는 방법은 없다. 당신이 어떤 일을 했는지에 당신이 아주 친숙하다는 사실은 당신의 기여도가 당신 자신에게는 아주 명백하지만 당신 독자들에게는 그렇지 못할 수도 있다는 뜻이다.

당신 자신의 기여도를 쉽게 판별할 수 있는 한 가지 방법은 'in this study' 혹은 'in our experiments'같은 구를 덧붙여 문장(In this study, the sample were collected using a suction tube)을 만들고 다른 사람이 한 일인 경우에는 적절한 참고문헌을 적절한 장소에 달아주어서(In Brown(1999) the sample were collected using a suction tube)구별해 주는 것이다.

이런 구별이 필요할 5가지 경우를 분류해 본다.

	의미하는 바가 무엇인가?	어떻게 하면 그 뜻이 분명해질까?
1	X가 실험에서 나에 의해 이루어졌다 혹은 내가 실행하였다.	능동형 표현으로 바꾸거나 혹은 'here/in this work/in our model' 같은 구문을 추가하거나 비인칭 주어인 'This experiment/The procedure'를 추가해 주어라.
2	X는 다른 사람의 실험에서 이루어졌지만 그 결과를 나의 결과와 비교하기 위해	인용논문을 달아주고 'in their work/in that model' 같은 구문을 추가하라.
3	X는 표준적 실험과정에서 일반적으로 얻어지는 결과일 때	비록 그것이 표준과정일지라도 얼마나 잘 알려졌는지 여하에 따라 참고문헌이 필요하다. 'as in[5]' 같은 구문을 사용하라.
4	X는 그림 1에서 보듯이 얻어졌지만 나에 의해서 이루어졌다.	그림에 대한 논의를 멈출 때 현재단순 수동형시제로부터 벗

		어났는지를 확인 가능하다면 능동형으로 바꾸어라.
5	X는 과정 중에 나에 의해 이루어졌지만 논문에서 요구하길 저자가 현재단순시제로 결과를 보고하라고 요구할 때.	능동형으로 바꾸거나 'here/in this work/in our model' 같은 구문을 추가하거나 혹은 'This experiment/ The procedure' 같은 비인칭 주어를 사용하라.

2.2.2 'a'와 'the' 사용법

영어문법 영역에서 가장 문제가 되는 것이 이것이다. 많은 언어들이 'a'와 'the' 같이 독립된 용법을 가지고 있지 않고 설혹 가져있다 하더라도 영어에서 그들이 사용되는 것과는 정확하게 일치하지는 않는다. 영어를 제 1 외국어로 삼아 공부하는 많은 학생들은 다음과 같이 유용하지만 매우 혼돈스러운 규칙을 알고 있다.

단수 가산 명사는 한정사를 필요로 한다 (Singular countable nouns need a Determiner).

한정사(determiner)는 'the, a, my, this, one, some' 같은 것들이다. 한정사를 성공적으로 적용하기는 어려운데 그 이유는 이를 사용하기 이전에 풀어야 할 문제가 두 개 있기 때문이다. 첫 번째 어떤 명사가 가산 명사인지 알기가 어렵고 두 번째로 설혹 안다고 하더라도 'a'를 사용할지 아니면 'the'를 사용할지를 어떻게 결정하는가 하는 일이다.

첫 번째 문제를 살펴보자. 어떤 명사가 가산 명사인지 불가산 명사인지를 결정하는 것은 보기처럼 그리 쉬운 일은 아니다. 보통 불가산 명사처럼 보이는 많은 명사들이 가산 명사로 사용된다. 예컨대 'death'나 'childhood'는 복수형이 생긴다.

There have been three deaths this year from pneumonia(폐렴).

Our childhoods were very different; I grew up in France and she grew up in Korea.

그리고 'industry'도 복수형이 가능한데

Many industries rely on fossil fuels.

심지어 'steel'같은 물질 이름도 복수형이 가능하다.

Some steels are used in the manufacture of medical instruments.

다음 불가산 명사 리스트 중 복수형 즉 가산 명사로도 사용이 가능한 명사에 표시를 해 보아라. 명사를 사용하는 방법에 따라 가산 명사가 될지 불가산 명사가 될지가 결정된다. 즉 'industry'같은 명사를 사용하기 이전에 멈춘 후 생각을 해 보아라. 이 단어를 일반적인 산업(불가산 명사)의 뜻으로 사용할지 혹은 특정 업종(가산 명사)의 뜻으로 사용할 지를 정해야 한다. 당신의 답안을 정답(Key)에서 확인해 보아라.

absence	access	analysis	advice	age
agriculture	cancer	art	atmosphere	beauty
behaviour	duty	capacity	childhood	calculation
concern	economy	death	democracy	depression
design	environment	earth	education	electricity
energy	evidence	equipment	existence	experience
failure	fashion	fear	fire	health
food	freedom	history	growth	independence
heat	help	insurance	ice	knowledge
industry	information	machinery	intelligence	light
life	luck	philosophy	nature	loss
paper	organization	pollution	physics	oil

power	progress	research	protection	policy
pressure	reality	security	respect	purity
rain	sand	strength	silence	safety
salt	science	time	stuff	sleep
swimming	space	trouble	trade	sunlight
transport	technology	waste	truth	traffic
vision	treatment	water	velocity	violence
wildlife	wind	work	wealth	welfare

실마리(Key)

가산명사로도 사용이 가능한 단어는 이탤릭체로 표시하였다.

absence	access	*analysis*	advice	age
agriculture	cancer	*art*	*atmosphere*	*beauty*
behavior	*Duty*	*capacity*	*childhood*	*calculation*
concern	*economy*	*death*	*democracy*	*depression*
design	*environment*	earth	*education*	electricity
energy	evidence	equipment	*existence*	*experience*
failure	*fashion*	*fear*	*fire*	health
food	freedom	*history*	*growth*	independence
heat	help	insurance	ice	knowledge
industry	information	machinery	intelligence	*light*
life	luck	*philosophy*	nature	*loss*
paper	*organization*	pollution	physics	*oil*
power	progress	research	protection	*policy*
pressure	*reality*	security	respect	*purity*
rain	*sand*	*strength*	*silence*	safety
salt	*science*	*time*	stuff	sleep
swimming	*space*	*trouble*	*trade*	sunlight
transport	*technology*	*waste*	*truth*	traffic

vision	*treatment*	*water*	*velocity*	violence
wildlife	*wind*	*work*	wealth	welfare

이제 두 번째 문제로 넘어가자. ‘a’와 ‘the’ 중 어느 것을 사용할지를 어떻게 결정하는가? ‘a’는 일반적인 참고사항을 그리고 ‘the’는 구체적인 참고사항일 때 사용한다고 알고 있을 것이다. 다음을 보자.

There is **a** book on the shelf above my desk; can you bring it here?

‘a book’은 명백히 구체적인 책을 가리킨다. 사실 문장에서 ‘a book’은 화자(speaker)가 원하는 책을 구체적으로 명시한다. 그러므로 만약 구체적/일반적 기준이 ‘a’와 ‘the’ 결정에 별다른 도움을 주지 못한다면 어떻게 해야 할까?

다음과 같이 간단한 질문을 스스로에게 해 봄으로써 시작해보자. 왜 뭔가를 처음 언급할 때에는 ‘a’를 사용하다가 그것을 다시 언급할 때에는 ‘the’를 사용하는가? 결국 두 경우 다 구체적 항목을 지정하는 것은 동일하다. 예컨대 다음 문장에서 둘 다 동일한 샌드위치를 가리키지만 왜 첫 번째 문장은 ‘a sandwich’를 사용하고 두 번째 문장은 ‘the sandwich’를 사용하는가?

I had **a** cheese sandwich and **an** apple for lunch. **The** sandwich was fine but **the** apple had a worm in it.

처음 화자가 치즈샌드위치와 사과를 언급했을 때에는 그 물건들을 화자 본인만 알았지만 두 번째 언급 시에는 화자(speaker)와 청자(listener) 모두가 그 물건을 인지하고 있기 때문이다. 그러나 ‘worm’은 청자에게도 생소하므로 ‘a’를 사용하여 ‘a worm’으로 표현한 것이다. 이제 새로운 법칙을 하나 더 보인다.

당신과 당신 독자 모두가 아는 사물이나 사람인 경우에는 **'The'**를 사용하여라. (Use **the** if or when you and your reader both know which thing/person you mean).

예전에 한 번도 언급이 안 된 사람이나 사물이라도 이런 경우에는 'the'를 사용한다. 다음 예를 보자.

I arrived at Heathrow Airport but **the** check-in was closed.
I bought a new computer but **the** keyboard was faulty.

'check-in'과 'keyboard'는 'the'를 필요로 하는데 그 이유는 Heathrow Airport가 언급된 순간부터 화자와 청자 둘 다 그에 대해 알게 되므로 두 사람은 'check-in'을 공유하게 된다. 그리고 'computer'가 언급되는 순간부터 그들은 'keyboard'를 공유하게 된다. 비슷하게 다음 문장에서는

He lit a match but **the** flame went out.

'a match(성냥)'를 언급한 순간 'flame(불꽃)'이라는 개념이 자동으로 연상된다. 그러므로 'the'를 사용하여 공통으로 이해하고 있다는 사실을 표현했다. 비슷하게 우리가 같은 방 안에 머물고 있을 때 내가 '천장을 보아라(look at **the** ceiling)'라고 하더라도 '어느 천장을 말하는가?'라고 되묻지는 않을 것이다. 왜냐하면 그것은 우리가 동일한 천장을 공유하고 있다는 사실이 너무나도 자명하기 때문이다.

Did she get **the** job? (그녀가 원하는 job을 우리 둘 다 안다는 의미)
I'll meet you in **the** library later. (우리가 항시 이용하는 그 library)

또 다른 유용한 규칙이 있다.

> 오로지 하나의 가능성만 있는 대상인 경우에는 '**The**'를 사용하여라.
> (Use **the** if there is only one possible referent).

We removed **the** softest layer of membrane.

Cairo is **the** capital of Egypt.

The opening was located in **the** centre of each mesh.

Government policy is committed to protecting **the** environment.

The sun's altitude is used to determine latitude.

> 특정 대상이 아닌 경우나 당신이 잘 모르는 대상 혹은 당신의 독자들이 잘 모르는 대상인 경우에는 '**a**'를 사용하여라.
> (Use **a** if it does not matter or You do not know or Your reader does not know which thing/person you are referring to).

- A 35 ml brown glass bottle was used to store the liquid. (어떤 35ml 병을 사용해도 무관하니까)
- The subject then spoke to an interviewer. (어떤 면접관이라도 상관이 없고 나는 그 면접관을 알아도 당신은 모른다)
- It works on the same principle as a combustion engine. (어떤 연소기관이라도 무방하니까)

때로는 'a'와 'the'의 선택 여부에 따라 문장의 의미가 완전히 달라진다.

(a) This effect may hide a connection between two. (둘 사이에는 연관성이 있을 수도 있지만 우리는 그것을 볼 수 없다는 의미)

(b) This effect may hide the connection between two. (둘 사이에는 분명하게 연관성이 있지만 this effect 때문에 그 관련성을 볼 수

없다는 의미)

'a'와 'the'의 선택 여부에 따라 문장의 의미에 중요한 효과를 미치는 다른 예가 있다(Φ는 'a'의 단수형 즉 아무것도 표시는 안 되지만 실제로는 'a'의 의미를 갖는 것을 나타냄).

(a) The nodes should be attached to <u>Φ</u> two adjacent receptor sites. (수용체가 많이 있는데 그 중 인접한 두 수용체 사이의 연결을 의미)
(b) The nodes should be attached to the <u>**two**</u> adjacent receptor sites. (오직 두 개의 수용체만 존재한다는 의미)

방금 배운 정보를 사용하는 최선책은 지금 읽고 있는 연구논문에서 단락을 발췌하고 그 단락에 저자가 왜 매 순간 '<u>a</u>'와 '<u>the</u>'를 사용했는지 혹은 왜 저자가 어떤 특정 명사 앞에서는 아무런 한정사를 사용하지 않았는지를 알아내는데 문법 절에서 배운 정보를 사용하는 것이다.

'a'와 'the' 그리고 'Φ'에 대한 중요한 주의사항은 이들 모두는 총괄적으로 사용될 수 있다는 것이다. 즉 일반적 진실을 말할 때 사용된다.

The electroencephalograph is a machine for measuring brain waves.
An electroencephalograph is a machine for measuring brain waves.
'뇌파전위기록장치(electroencephalograph)'는 뇌파를 측정하는 장치이다.

마지막 주의할 점: '**a**'는 자음(consonant) 앞에서 사용되고 '**an**'은 모음(vowel) 앞에 사용된다. 이는 철자에 의하는 것이 아니라 발음에 따라 정해진다. 즉 'an MRI scan'이라 하는데 그 이유는 M이 '엠(em)'으로 발음이 되기 때문이다. 그러나 'a UV light'인데 그 이유는 글자 'U'가 '유(yoo)'로 발음되기 때문이다.

2.2.3 부사와 부사의 위치 (Adverb and adverb location)

다른 나라 말로 복잡한 아이디어에 대해 대화 중일 때 명백한 문법적인 실수보다 눈에 보이지 않는 실수가 더 좋지 않다. 논문 교정 작업자가 명백한 문법적 실수는 알려준 후 교정을 하지만 문장이 문법적으로는 별 문제가 없다면 교정자나 편집자가 눈에 보이지 않는 실수를 볼 수 없다. 눈에 보이지 않는 실수의 한 예는 문장이 문법적으로는 정확하지만 동사 시제의 선택이 부적절하거나 저자의 의도를 잘 전달하지 못하게 선택이 되는 경우이다. 이런 숨겨진 실수는 염려스러운 부분인데 그 이유는 저자도 편집자도 그런 일이 발생했다는 사실을 모르고 문장이 저자가 의도하는 의미를 갖고 있지 못하기 때문이다.

가장 흔한 숨겨진 실수는 'a'와 'the'를 사용할 때 발생하는 실수(2.2.2절 참조)와 상대절(relative clauses)의 'which' 앞에 '콤마'의 사용 여부 그리고 부사의 위치 실수 등이다. 부사 위치 실수는 가장 흔하게 발생하면서 그 실수를 알아내기는 매우 어렵다.

부사는 당신이 원하는 바를 항시 해결해 주지는 않거나 그렇게 해주기를 기대해서도 안 된다. 첫 째로 전치사(preposition)를 필요로 하는 부사는 그 의미가 모호할 수 있고(Look at that dog with one eye라는 문장의 의미는 'USING one eye'라는 의미일 수도 있고 'HAVING one eye'의 의미일 수도 있다) 그리고 문장의 예견하지 못했던 부분에 위치하기도 한다. 부사를 문장에 위치시키고자 할 때에는 주의해야 하며 문장 내에서 하나 이상의 부사를 사용하고자 하는 경우에는 특히 주의를 기울여야 한다. 다음에 자주 접하게 되는 문제들을 보인다.

The patient was discharged from hospital after being shot in the back with a 9 mm gun.

위 문장은 의사가 주사를 놓았다는 의미일까?

He gave a lecture about liver cancer at the hospital last January.

강의가 병원에서 이루어졌을까? 아니면 암일까? 1월 달에 발생한 암에 관한 강의였을까? 혹은 강의 그 자체가 1월 달에 이루어졌을까?

부사의 위치에 관한 법칙이 있기는 하지만 논문을 작성할 때 그 법칙을 적용하는 것은 너무 복잡하고 힘이 든다. 논문을 쓰는 목적이 안전하고 명확한 글을 작성하는 것이므로 이렇게 여러 개의 부사를 사용하는 것을 피하고 그 정보를 다른 순서로 재배치해 주는 것이 바람직하다. 만약 사용하고자 하는 부사가 문장 전체와 연관이 있다면(즉 clearly, last January, as a result 등) 그 부사를 문장의 맨 앞에 두는 것을 고려하여라.

Last January he gave a lecture about liver cancer at the Hospital.

만약 여전히 부사 무리(cluster) 때문에 애매하다면 문장을 한 단위 당 하나의 부사만 들어가도록 여러 개의 단위로 나누어라.

Last January he gave a lecture at the Hospital; his subject was liver cancer.

2.3 글쓰기 작업: 모델 만들기(Writing task: Building a model)

2.3.1 모델 만들기

방법론 모델을 만들기 위한 준비 작업으로 표 2.1에 보이는 예를 보고 오른쪽 빈칸에 각 문장에서 저자가 하고자 하는 바를 간단하게 적어보아라. 각 문장의 실마리(Key)는 다음 절에 나와 있다. 일단 당신 스스로 모델을 만들었다면 실마리(Key)를 이용하여 실제로 당신이 논문을 작성할 때 그 논문의 한 절을 만드는데 도움이 될 것이다.

** **표 2.1 <방법>절 모델 만들기 연습 예**

Changes in the Chemistry of groundwater in the chalk of the London Basin **Methodology**	 **In this sentence, the writer:**
1 The current investigation involved sampling and analyzing six sites to measure changes groundwater chemistry.	1 ________
2 'The sites were selected from the London area, which is located in the south-east of England and has been frequently used to interpret groundwater evolution[2,3,4].	2 ________
3 'A total of 18 samples was collected and then analyzed for the isotopes mentioned earlier.	3 ________
4 'Sample 1-9 were collected in thoroughly rinsed 25 ml brown glass bottle which were filled to	4 ________

the top and then sealed tightly to prevent contamination. **5** 'The fluid bottles were shipped directly to two separate laboratories at Reading University, where they were analyzed using standard methods suitably miniaturized to handle small quantities of water[5].	5 ______________
6 Samples 10-18 were prepared in our laboratory using a revised version of the precipitation method established by the ISF Institute in Germany[6]. **7** 'This method obtains a precipitate through the addition of $BaCl_22H_2O$; the resulting precipitate can washed and stored easily.	6 ______________ 7 ______________
8 'The samples were subsequently shipped to ISF for analysis by accelerate mass spectroscopy (AMS). **9** 'All tubing used was stainless steel, and although two samples were at risk of CFC contamination as a result of brief contact with plastic variation among sample was negligible.	8 ______________ 9 ______________

❑ 가이드라인

이 작업을 하는데 30~40분 정도의 시간이 소요될 것이다. 첫 번째 문장을 잘 구성하기 어렵다면 문장 4와 같이 좀 더 쉬운 문장을 택하여 시작해 보아라. 당신 모델이 다른 방법론으로 전환이 가능할 때 그 모델이 유용하다는 사실을 명심하여라. 그러므로 'groundwater'

같은 전문 단어를 모델에 포함시키면 그 모델로는 일반화된 방법론의 표준 모델로 사용하기 곤란해진다.

저자가 무엇을 말하는가보다 무슨 연구를 하고 있는가를 알아낼 수 있는 한 가지 방법은 당신 컴퓨터가 우연히 그 문장을 지워버렸다고 상상해보는 것이다. 독자의 입장에서 당신은 어떤 느낌이 들겠는가? 컴퓨터 자판의 다른 키를 눌러주니까 지워졌진 문장이 다시 살아났다면 그 사실이 정보에 당신이 반응하는 방법에 어떤 효과를 미칠까?

저자가 무엇을 말하는가보다 무슨 연구를 하고 있는가를 알아낼 수 있는 또 다른 방법은 문법이나 어휘에서 그 실마리를 찾아보는 것이다. 주동사의 시제는 무엇인가? 주로 어떤 시제를 사용하는가? 앞의 문장 시제와 현 문장 시제가 동일한가? 그렇지 않다면 저자가 시제를 왜 바꾸었을까? 어떤 단어를 저자가 선택하여 사용하는가?

완벽한 모델을 만들 것이라 기대하지는 말라. 나중에 나오는 실마리 절을 보거나 당신이 참조로 하고 있는 논문의 방법론을 보면서 모델을 수정해 나가면 된다.

2.3.2 실마리(Key)

> **문장 1**인 'The current investigation involved sampling and analyzing six sites to measure changes groundwater chemistry.'에서 저자는 이 조사의 목적뿐 아니라 부수적 실험 전반에 대해 일반적 관점을 제공한다.

표 2.1의 오른 편 문장 1번 빈 공간에 만약 당신이 '서론'이나 '방법을 소개함'이라 적었다면 이는 당신이 학위논문이나 연구논문을 작성할 때 그다지 도움이 되지 않을 것이다. 그 이유는 그렇게만 표현해서는 이 문장에서 무슨 주장을 하고 있는지 알기 어렵기 때문이다.

❑ 왜 방법론에 대해 소개를 해야 할까?

어떤 경우에는 저자가 처음부터 실험절차와 재료에 대해 설명하기 시작한다. 연구 초점이 한정적이고 그 논문을 읽는 독자들도 아주 비슷한 분야에서 일을 하는 경우에는 이런 방법도 괜찮다. 하지만 그렇지 않다면 좀 더 쉬운 소재로부터 출발하는 독자 편의적 방법을 고려해야 한다. 간략한 기초정보를 제공하는 목적은 독자들이 방법론에 별무리 없이 들어오도록 만드는 것이다. 방법론에 대해 소개를 하는 길은 아주 다양하다. 다음은 가장 흔하게 사용되는 3가지 방법이다.

- 연구의 변수들에 대한 개요를 제공한다. 예컨대 시험 횟수, 사용한 장비/재료/소프트웨어 그리고 이 조사의 목적에 대해 간략하게 설명해준다. 이것이 독자들로 하여금 이 절에 대한 일반적 사고를 가지게 만들어준다.
- 재료 물질의 기초 정보와 재료/장비의 출처 등을 밝혀준다.
- 이전 절(지금은 서론 부분)로 돌아가 참조사항을 인용한다. 프로젝터의 목표나 제시하고자 하는 문제점에 대해 다시 한 번 언급하는 것이 모두(3가지 방법)에 대해 공통된 사항이다.

당신이 한 일과 사용한 장비에 대해 일반적 사항만 언급한다면 독자들이 세부사항을 이해하기는 힘이 들 것이다. 그러나 세부사항부터 먼저 설명하게 되면 독자들이 그 세부사항으로부터 당신이 무엇을 했고 어떤 장비를 사용했는지에 대한 전체적인 그림을 스스로 그리도록 강요하는 것이 되어 버린다. 이런 일은 독자의 입장에서는 아주 어려운 일일 뿐 아니라 독자들이 해야 할 일도 아니다. 정보를 적정한 수순으로 정리하여 독자들이 자연스럽게 당신의 업적을 파악하도록 하는 것은 저자인 당신의 몫이다.

게다가 세부사항으로부터 전체적 그림을 독자들에게 그리게 하는 일은 매우 위험하다. 그 이유는 전모파악을 한 후 세부사항을 파악해 나가는 것(top-down 방식)보다 세부사항에서 출발하여 전모파악을 해 나가는 방식(bottom-up 방식)으로 나가면 독자들마다 그 해석이 달라지기 때문이다. 당신이 top-down 방식을 사용한다면 당신은 내용을 잘 조절하고 있는 것이다. 뭘 했고 뭘 사용했는지에 대한 일반적 사항을 설명하면서 출발을 한다면 당신은 독자들과 동일한 공간을 공유하게 되어 이후에 세부내용에 대해 설명하더라도 독자들 개개인의 마음속에 당신과 동일한 이해도를 심어줄 수 있다. 나무를 보여주기 이전에 숲을 먼저 보여주어야 한다는 사실을 반드시 기억하기 바란다(Show your reader the wall before you begin to examine the bricks).

> **문장 2**인 'The sites were selected from the London area, which is located in the south-east of England and has been frequently used to interpret groundwater evolution[2-4].'에서 저자는 기초 정보를 제공하고 이전 연구를 인용하여 현 위치선정의 정당성을 주장한다.

❑ 내가 한 일에 대해 왜 이유를 대어서 정당성을 확보해야 할까? 분명하지 못해서인가?

당신의 이유는 당신 자신에게는 아주 분명하다. 그러나 그것이 당신 독자들에게도 항시 그런 것은 아니다. 당신이 한 일의 정당성을 제공하지 못한다면 독자들은 당신 선택의 정당성을 인정하지 않는다. 독자들은 왜 당신이 이런 특별한 과정을 거쳤는지 그리고 왜 이런 특별한 실험과정을 사용했는지 의아해 한다. 이는 실지로 부정적 효과(negative effect)이다. 당신이 왜 이런 일을 했는지 설명하지 못한다면 독자들이 당신의 실험방법을 받아들일 것이라고 기대하지 마라. 이는 결국 독자들이 당신 논문 전체를 평가하는데 궁극적으로 영향을 미칠 것이다.

많은 저자들은 이 절(방법론)이 단지 뭘 했으며 뭘 사용했는지 만 기록하는 절이라고 생각하겠지만 사실은 여기에 아주 강한 설득력과 소통의 소재가 포함되어 있다. 'thoroughly'나 'with care' 같은 표현만 있는 것이 아니라 정당성을 다양하게 주장하는 곳이기도 하다. 재료와 방법에 대해 설명할 때 '내가 한 일과 사용한 방법(this is exactly what I did/used)'에 대해서만 설명할 것이 아니라 '이런 결정을 하게 된 정당한 이유가 있음(I had good reasons for those decisions)'에 대해서도 호소해야 한다. 정당성을 제시해 주어야 독자들이 당신의 선택을 인정하게 된다.

때로는 배경 정보를 표현하면서 현재단순시제를 사용하기도 하는데 이것도 역시 정당성을 부여하고자 하는 의도이다. 예컨대 당신이 어떤 물질을 선택한 이유는 그 물질의 어떤 특성 때문이다; 그렇다면 그 특성은 어떤 것인가에 대해 언급(This material is able to...)해 주어야 한다. 특수한 장비나 소프트웨어를 사용했다면 그 기능에 대해서도 설명하여라. 문장 2에서 저자가 이 지역을 선택한 이유가 다른 연구자들에 의해 이미 그곳이 적당한 장소임이 밝혀졌음을 우리가 이해하게 되었었다.

문장 3인 'A total of 18 samples was collected and then analyzed for the isotopes mentioned earlier.'에서 저자는 실험과정/방법 그 자체에 대해 전모를 제공한다.

❑ 이 부분의 시작점에서 전반적 과정에 대해 언급했다면 왜 실험과정에 대한 개요도 언급해야 할까?

1.2.4절에서 보았듯이 단락의 시작은 새로운 토픽의 시작으로 간주된다. 그리고 문장내용을 소개하는 듯 한 문장으로 제공하는 이유는 독자 편의적으로 하기 위함이다. 문장 3은 독자들로 하여금 전모파

악을 한 후 세부사항으로 자연스럽게 이동하도록 해 주는 기법을 사용하였다. 독자들이 첫 번째 몇 개의 시료를 시험하는지를 알고 시작하여 그 시료들로 무엇을 했는지를 밝혔기 때문에 저자나 독자 모두 아주 명백한 그림을 머릿속으로 그릴 수 있다. 이런 문장들은 대부분 'Most of the tests'나 'In all cases'같은 구문으로 시작한다 (2.4.2절 어휘 리스트 참조).

문장 4인 'Sample 1-9 were collected in thoroughly rinsed 25 ml brown glass bottle which were filled to the top and then sealed tightly to prevent contamination.'에서 저자는 뭘 했고 어떤 방법이 사용되었으며 또 어떤 주의력을 기울였는지에 대해 언급하고 있다.

❑ 얼마만큼 자세하게 설명해야 할까?

독자들이 당신 방법의 세부적 사실을 잘 모른다고 느껴지면 너무 적게 정보를 제공하기보다는 너무 많다고 여겨질 정도로 세세하게 설명해주어라. 당신 연구결과에 대해 글을 쓰고자 하는 순간이 되면 실험이나 시뮬레이션을 여러 번 반복할 것이므로 당신 자신은 재료, 양, 장비, 소프트웨어 실험과정의 절차 그리고 각 단계별 걸린 시간 등에 아주 익숙해져 있을 것이다. 이런 친숙성 때문에 구체적 세부사항(예컨대 문장 5에 보인 병의 크기)이 당신에게는 분명하지만 독자들에게는 명백하지 못하다는 것을 알아야 한다. 다른 연구자들이 당신 실험과정을 재현하여 동일한 결과를 얻길 원한다면 더욱 더 모든 세부사항을 밝혀주어야 한다.

이 문장에서 저자는 자신이 아주 주의 깊게 실험을 하였다는 의미로 'throughly', 'filled to the top', 그리고 'tightly'같은 상세한 표현법을 사용하였다. 논문을 작성하고자 할 때 당신이 뭘 했고 뭘 사용했는지에 대해서만 보고하는 것이 아니라 논문의 끝에 나오는 결론을 독자들이 인정할 수 있도록 하는 것이 목표라는 사실을 기억하여라. 그렇게 하기 위해서는 즉 당신의 결론을 독자들이 받아들일 수 있게 하려면 실험방법론을 독자들이 먼저 인정을 하게 해야 한다. 이런 이유로 당신 스스로가 아주 실험을 정확하고 주의력 있게 수행하는 능력 있는 연구자임을 나타내는 것은 매우 중요한 일이다.

문장 4에 주어진 25 ml를 주목하자. ml는 SI(System International d'Unites)로 밀리리터(milliliter)를 나타낸다. SI 단위표를 확인하여 정확한 기호를 사용하는지 확인하여라. 양/숫자와 SI 기호 사이에는 보통 한 칸을 띄운다. 그리고 SI 단위는 축약한 것이 아니므로 단위 뒤에 마침표를 붙이면 안 된다.

문장 5인 'The fluid bottles were shipped directly to two separate laboratories at Reading University, where they were analyzed using standard methods suitably miniaturized to handle small quantities of water[5].'에서 저자는 아주 주의력을 갖고 행하여 이루어진 일에 대해 자세하게 설명하고 있다.

문장 5에서 독자들에게 주의력을 가지고 실행했다는 의미를 주는 단어는 무엇일까? 'directly', 'separate', 그리고 'suitably'같은 단어들을 빼고 문장을 작성해도 별 문제는 없지만 이 단어들을 넣어서 문장을 만들어줌으로써 신뢰성을 증가시켰다.

문장 6인 'Samples 10-18 were prepared in our laboratory using a revised version of the precipitation method established by the ISF Institute in Germany[6].'에서 저자는 기존 문헌에서 이루어진 방법을 인용하면서 그 기술에서 저자가 개선한 것이 무엇인지 설명하고 있다.

❑ **왜 다른 사람의 연구방법을 인용해야 하는가? 단지 그냥 내가 사용한 방법만 제시하면 안 되는 것일까?**

당신이 사용하는 방법 전부를 당신이 만든 것이 아니라는 점이 한 가지 이유이다. 많은 경우 그 방법의 일부는 다른 사람에 의해 발명되었거나 사용되었고 이미 잘 알려진 방법이므로 단지 참고문헌만 인용해 주고 그리 자세하게 설명은 하지 않아도 된다. 즉 참고문헌을 인용한다는 말은 당신의 설명내용을 줄여준다는 의미이다. 이에 대한 어휘는 2.4절의 선택 1(Option 1)에서 볼 수 있을 것이다.

❑ **참고논문이 문헌에서 찾을 수 있는데도 왜 내 논문에서 자세하게 언급해야 할까? 왜 독자들이 도서관에 가서 그 문헌을 찾아 읽으면 안 되는 걸까?**

이런 경우 저자는 실험방법의 기초적인 세부사항을 제공해주는데 그 이유는 독자 중 일부는 스스로 문헌찾기에 익숙하지 못하고 또 모든 사람이 도서관에 가거나 인터넷으로 문헌을 찾아볼 수 없기 때문이다. 이런 실험과정, 시험내용, 장비 또는 심지어 사용했던 재료들이 참고문헌에 나온 방법과 비슷한 과정에 의해 이루어졌을 경우 이에 대해 설명하는 것은 저자의 전문가적인 배려의 문제이다. 이런 종류의 배경 지식에는 현재시제(This method obtains)를 사용하다가 당신이 이룬 결과로 돌아갈 때에는 과거시제를 사용한다는 것을 명심하여라.

동일 연구분야에서 연구하는 다른 연구자들의 재료와 실험방법을 당신의 그것과 비교하는 것은 〈방법〉절에서는 아주 합리적인 절차이다. 예전 혹은 현재 다른 그룹의 진행과정을 독자들에게 정확하게 숙지시켜두는 것은 아주 당연한 일이며 그렇게 해야 독자들이 당신의 업적이 다른 그룹의 결과와 어떻게 다른지를 알 수 있다. 그리고 당신의 실험방법이 당신이 비교하고 있는 다른 연구자의 방법과 똑같거나(2.4절 어휘 리스트 선택 1) 비슷하거나 혹은 아주 다를 수 있다. 어떤 경우이든 당신의 재료/방법과 다른 연구자들의 그것과의 차이점이 당신 논문에 실질적 기여를 하는 것이다.

다른 연구자의 연구결과를 인용할 때 문장의 어느 부분에 인용표식을 넣을 것인가에 주의가 필요하다. 위치선정을 잘못해주게 되면 그 사람들이 하지 않은 일을 한 것으로 생각하게 만들 수 있다. 심지어는 당신 자신이 한 일인 것처럼 될 수도 있다. 인용표식은 항시 자동으로 문장의 제일 끝으로 가는 것이 아니라는 사실을 명심하기 바란다.

때로는 당신이 사용한 과정의 효과에 대해 언급하는 것이 필요하거나 적절할 수도 있다. 그러나 지금 이 순간 그에 대해 논의하거나 지적하는 것은 좋은 생각이 아니다. 만약 방법론에서 너무 자세하게 언급을 하게 되면 결과란에서 뭔가 설명할 여지를 줄이는 일이 될 것이기 때문이다. 흥미로운 일이지만 방법론에 대해서도 결과란에서 자세하게 다루는 것이 더 일반적이다. 방법란에서는 기본적인 변수나 방법에 대해 간략하게 언급한 후 결과란에서 그 방법과 연관된 결과를 논의하는 일이 종종 있다.

문장 7인 'This method obtains a precipitate through the addition of $BaCl_22H_2O$; the resulting precipitate can washed and stored easily.'에서 저자는 방법론에 대해 더 자세한 정보를 제공하고 그 방법의 선택을 선택한 것은 잘 된 일이라는 주장을 한다.

정당성부여(Justification)는 〈방법〉절 전반에 걸쳐 이루어진다. 이전과 마찬가지로 목표는 당신의 선택에 대한 의구심이나 비평에 답을 하는 것이다. 독자들에게 당신의 선택이 아주 타당한 이유에 근거하여 이루어졌다는 점을 인식시켜 주어야 한다. 양자택일 조건이 주어졌을 때 하나를 거부하고 다른 하나를 선택하게 된 정당성을 종

종 우리는 볼 수 있다. 앞에서도 언급했듯이 〈방법〉절에서 이런 일을 하는 이유는 독자들이 당신의 결정사항를 받아들이도록 하기 위해 필수적인 행위이다.

문장 8인 'The samples were subsequently shipped to ISF for analysis by accelerate mass spectroscopy (AMS).'에서 저자는 방법에 대해 더 자세하게 설명하고 있다.

앞에서도 언급했듯이 단지 뭘 했고 뭘 사용했는지 보다 더 자세한 설명을 해주어야 한다는 것이다. 이 문장이 이 절에서 자세한 설명을 해 주는 유일한 문장이다. 다른 모든 문장들은 부가적 정보만 제공한다.

문장 9인 'All tubing used was stainless steel, and although two samples were at risk of CFC contamination as a result of brief contact with plastic variation among sample was negligible.'에서 저자는 방법론에서 발생 가능한 어려움에 대해 언급한다.

❑ 이 문장은 무엇이 이루어졌는지를 논의하는 것이 아닌가?

아니다. 〈방법〉절에서의 문제는 결과에 영향을 미치지 않는다는 점을 말하고 있는 것이다. 때로는 결론에 대해 여기서 언급할 필요도 있지만 그것은 예비실험 결과가 중요 실험/시뮬레이션 결과를 수정하거나 새로운 것을 개발하는 경우에만 국한된다.

❑ 왜 〈방법〉절에서 문제점에 대해 언급해야 하는가? 그런 행동이 나를 나쁘게 평가하지는 않을까?

실제로는 그 반대가 사실이다. 첫 번째로 당신 작업의 미숙함을 언급하지 않는다면 이는 마치 당신이 그 문제점을 심각하게 생각하지 않는 것처럼 비칠 것이며 이는 아주 당신에 대한 인상을 나쁘게 만든다. 즉 당신이 문제점에 대해 언급하여야 훨씬 더 전문가 같아 보인다. 당신의 부족함(너무 작은 데이터, 장비나 소프트웨어가 이상적이지 못한 점 등)을 숨기려하거나 무시하려고 들다가 독자들이 그 사실을 인지하게 되면 독자들은 당신을 연구자로서 합리성을 의심하게 될 것이다. 이는 결국 당신의 연구결과와 결론을 인정하는데 나쁜 영향을 미치게 된다.

두 번째로 연구의 일부를 마쳤을 때마다 그 연구를 하는 동안 경험하게 되는 문제점을 통해 많은 것을 배우게 되고 그로 하여금 다음번에는 더 잘하게 된다. 그 일을 반복하여 실험기교가 향상될 때까지 논문 작성하는 것을 미루어야 할까? 이번에도 또 뭔가를 더 배우게 된다면 그럼 또 연기할 것인가? 그리고 또? 계속 그렇게 하다보면 당신은 영원히 논문을 쓰지 못한다. 논문이 게재허가를 받는 조건은 연구에 대해 언급하고 연구 기간 만나게 되는 문제점이나 어려움을 인정하는 것이다. 아직 여기서 게재가능성에 대해 언급하는 것은 시기상조이지만 간략하게 언급해두고자 하는 것이다. 〈논의/결론〉절에서 미래의 계획에 대해 논의할 때 이 실험의 한계나 부족함 등에 대해 최초로 언급하는 것은 적절하지 못하다.

❑ 나의 연구에서 생긴 문제점을 실패같이 보이지 않게 표현하려면 어떻게 해야 할까?

'minimizes the problem', 'minimizes your responsibility', 'maximizes the good aspects', and 'suggests a solution' 같은 어휘를 사용하여라. 앞의 예에서 저자는 문제점을 인정하고 그 효과를 최소화하려고 노력하였다(variation among samples was negligible). 문제점에 대해 대화할 때 필요한 방법이다. 문제점이나 애로사항을 일반적 관점 또는 전문가적 관점에서 풀어나갈 때 사용할 언어들의 예를 2.4절의 어휘 리스트를 통해 발견할 수 있을 것이다.

2.3.3 모델(The Model)

문장 1-9를 통해 우리가 모은 설명들은 아래와 같다.

문장 1 저자는 이 조사의 목적뿐 아니라 부수적 실험 전반에 대해 일반적 관점을 제공한다.

문장 2 저자는 기초 정보를 제공하고 이전 연구를 인용하여 현 위치선정의 정당성을 주장한다.

문장 3 저자는 실험과정/방법 그 자체에 대해 전모를 제공한다.

문장 4 저자는 뭘 했고 어떤 방법이 사용되었으며 또 어떤 주의력을 기울였는지에 대해 언급하고 있다.

문장 5 저자는 아주 주의력을 갖고 행하여 이루어진 일에 대해 자세하게 설명하고 있다.

문장 6 저자는 기존 문헌에서 이루어진 방법을 인용하면서 그 기술에서 저자가 개선한 것이 무엇인지 설명하고 있다.

문장 7 저자는 방법론에 대해 더 자세한 정보를 제공하고 그 방법의 선택을 선택한 것은 잘 된 일이라는 주장을 한다.

문장 8 저자는 방법에 대해 더 자세하게 설명하고 있다.

문장 9 저자는 방법론에서 발생 가능한 어려움에 대해 언급한다.

이들을 뼈대로 하여 4개의 기본 성분을 갖는 모델을 만든다. 각 성분의 모든 항목들이 다 사용되던 서론 모델과는 달리 방법 모델에서는 당신 연구토픽이나 투고하길 원하는 저널의 요구사항과 관련 있는 항목들만 선택 가능한 일명 메뉴방식이다. 당신이 장비를 직접 제작했다면 성분 1에서 언급한 장비의 출처에 대해서는 설명할 필요가 없다. 만약 실험에 별문제가 없었다면 성분 4는 전혀 필요가 없다.

성분	필요 항목들
1	• 재료/방법에 관한 일반적인 소개나 전반적 개요에 대해 제공한다. • 이 연구의 목적에 대해 다시 언급한다. • 사용한 재료나 장비의 출처를 밝힌다.
2	• 재료나 방법에 관해 구체적이고 상세하게 밝힌다. 예: 량, 온도, 지속시간, 반복 횟수, 조건들, 우치, 크기 등 • 이런 선택을 한 정당성을 제공한다. • 적절한 주의력을 기울였다는 점을 표현하여라.
3	• 다른 연구자의 재료/방법과 연관하여 언급하라.
4	• 어디에서 문제가 발생했는지 언급하라.

2.3.4 모델 시험하기(Testing the model)

다음 단계는 이 모델이 실제 〈재료/방법〉절(재료와 〈방법〉절이라 불리지 않는 논문도 있음을 기억할 것이다)이나 당신의 참고문헌에서 적용되는 방법을 살펴보는 것이다. 다음에 몇 가지 실제논문에서 발췌한 〈방법〉절 전문을 실어둔다. 이들을 철저히 읽고 앞의 모델 성분 4가지 중 어디에 해당이 된다고 여겨지는지 그 부분에 표기를 해보아라. 예컨대 첫 번째 문장이 모델성분의 1에 해당된다고 판단되면 그 문장 끝부분에 1이라고 표기를 하여라.

Effects of H_2O on structure of acid-catalyzed SiO_2 sol-gel films

Experimental procedure

Equal volumes of tetraethylorthosilicate (TEOS) and ethanol were mixed and stirred vigorously for 10 min at room temperature. Then 0.1 M HCl was gradually added to the solutions, until a water to TEOS molar ratio of *R*=2 was attained. Additional deionised water was added to give solutions with *R*=3, 4 and 5, so that for all solutionsthe molecular ration TEOS:HCl was maintained, as summarised in Table 1. The solutions were placed in the refluxing bath immediately after mixing, and the temperature of the bath was increased to 70℃ in 15min, while stirring, and kept there for 2h. The solutions were then aged for 24h at room temperature, before being diluted with an equal volume of EtOH and stirred for 10min, to give the solution used for spin coating. All the chemicals were obtained from Aldrich Chemicals Ltd.

The sols were dispensedon p-type, 75mm diameter silicon wafers, through a 0.1μm filter (PTFE Whatman, obtained from BDH Merk Ltd), and thereafter the substrate was spun at 2000rpm for 15s. The coated substrate was baked at 100℃ for 5min, and then cleaved into 10pieces. Each piece was baked in air at a different temperature, in the range from 100 to 1000℃, for 30min. The samples were kept in covered petri dishes for a few days in room conditions before the experiments were continued; this allows the completion of surfacehydroxylation, and gave reproducible ellipsometer results when water is used as an adsorbate.

The thickness and refractive index of the samples were measured using a Rudolph AutoEl III ellipsometer, with an operating wavelength of 633 nm, and precisions of about ±0.002 and ±3Å in index and thickness, respectively. For microporous films, the measured index is strongly dependent on relative because of condensation of water in the pores. By measuring the dependence of index on humidity, information about can be obtained. We have extended this technique to the use of different adsorbate species, in order to probe pore sizes [3]; this, for the sake of brevity, we call molecular probe ellipsometry. In this technique, the film is placed in a sealed chamber on the sample stage of the ellipsometer; first dry N2 gas is passed through the chamber to empty the pores of any condensed adsorbate, and then N2 having been bubbled through the liquid adsorbate is passed over the sample to fill the pores; in each case the refractive index is measured. By assuming that all the accessible pores in dry and saturated atmospheres are completely empty or filled with adsorbate, respectively, the pore volume and index of the solid skeleton can be determined by an extension of the Lorentz-Lorenz relation [8] where n_f, n_s and n_p are the refractive indices of the film, solid skeleton and pores, respectively, and v_p is the volume fraction porosity. Measurement of n_f for both the dry and saturated films allows both v_p and n_s to be determined with the assumption that n_p has the same value as that of the bulk adsorbate in the saturated case, and of air (n_p= 1) in the dry case.

In order to empty the pores, an initial high flow rate of N_2 was used for a few minutes and the rate was then reduced to 1000sccm (standard c.c per minute) for 15min. the flow rate was kept at 100sccm for 15min to fill the pores. The low flow rate in this case reduces the likelihood of cooling of the sample surface, which could cause condensation on the external film surface. Comparison of the measured film thickness for wet and dry atmospheres indicated that this did not occur. The temperature inside the chamber was monitored by a thermo-couple to ensure that there was no drift or alteration due to gas flow. In each case, the measurement was recorded once repeatable readings were obtained. The adsorbates used are listed in Table 2. Their average diameters were estimated using a combination of bond length data [9] and Van der Waals atomic radii [10]. All were obtained from Aldrich Chemical Ltd, except $C_{24}H_{44}O_8$ obtained from Fluka Chemie AG.

The optical quality of the films was first studied qualitatively by visual examination, and by optical microscopy. The homo-geneity of the films was then investigated quantitatively by measuring the intensity of scattered light resulting from oblique reflection of a laser beam from the film-coated silicon substrate. A helium-neon laser beam, having a wavelength of 633 nm, was directed onto the sample, through a chopping wheel, at an angle 59°from the normal. The specularly reflected beam was absorbed onto a black card, and the scattered light was collected at normal incidence to the sample using a ×10 microscope objective, and measured using a silicon photodiode and a lock-in amplifier. The position of lens and angle of incidence were fixed during measurements.

The film stress, sf, can be determined by measuring the resulting substrate curvature [11], according to Stoney's formula:

$$s_f = (E_s t_s^2 / 6(1 - v_s) t_f)(1/r_s - 1/r_f) \quad (2)$$

where r_s and r_f are the radii of curvature of the bare substrate and substrate with film, respectively; E_s, t_s and v_s are the Young's modulus, thickness and Poisson's ratio of the silicon substrate, respectively, and t_f is the thickness of the film. Tensile stresses are positive and compressive stresses negative; thus, a positive radius of curvature denotes a convex film surface. Entire 75 mm diameter wafers were used, and curvature was measured from plots of surface profile along 30 mm lines over the central part of the film surface using a Dektak IIA auto-levelling profilometer. To reduce inaccuracy caused by lack of axial symmetry in the wafer curvature, two scans were made, in orthogonal directions, for each measurement, and the inverse radii thus obtained were averaged. Care was taken not to use wafers which had a substantially asymmetric curvature before deposition. Wafer thicknesses, measured with a micrometer, were 390±3μm. Final film thicknesses were measured by ellipsometry and checked by patterned etching and profilometry, and interim thicknesses were estimated by interpolation. Equivalent single-layer thickness measurements indicate that the assumption that final thickness is proportional to number of layers is sufficiently accurate. For $(E_s/(1-v_s)$, the value 180GPa was used [11]. In order to give an indication of the effect of water content on stress, 10layers were deposited for each R value, using 10s rapid thermal annealing at 1000℃ in all cases.

Infrared imaging of defects heated by a sonic pulse

ii) Experiment

Our experimental setup is shown in Fig. 1. The source of the sonic excitation is a Branson, Model 900MA 20kHz ultrasonic welding generator, with a Model GK-5 hand-held gun. The source has a maximum power of 1kW, and is triggered to provide a short (typically 50–200 ms duration) output pulse to the gun. The gun contains a piezoelectric transducer that couples to the specimen through the 1.3-cm-diam tip of a steel horn. In the laboratory setup, as can be seen in Fig. 1, we use a mechanical fixture to hold the sonic horn firmly against the sample surface. This setup uses a machine slide to provide reproducible alignment of the horn. Typically, a piece of soft Cu sheet is placed between the tip of the horn and the specimen to provide good sound transmission. The location of the source on the sample is chosen primarily for convenience of geometrical alignment, and since it has minimal effect on the resulting sonic IR images, typically is not changed during the course of the inspection. Sound waves at frequencies of 20kHz in metals such as aluminium or steel have wavelengths on the order of tens of centimeters, and propagate with appreciable amplitude over distances much longer than a wavelength. For typical complex-shaped industrial parts (see, for example, the aluminium automotive part shown in Fig. 1), reflections from various boundaries of the specimen introduce countless conversions among the vibrational modes, leading to a very complicated pattern of sound within the specimen during the time that the pulse is applied. Since the speed of sound in solids is typically on the order of a few km/s, this sound field completely insonifies the regions under inspection during the time that the excitation pulse is applied. If a subsurface interface is present, say a fatigue crack in a metal, or a delamination in a composite structure, the opposing surfaces at the interface will be caused to move by the various sound modes present there. The complexity of the sound is such that relative motion of these surfaces will ordinarily have components both in the plane of the crack and normal to it. Thus, the surfaces will 'rub' and 'slap' against one another, with a concomitant local dissipation of mechanical energy. This energy dissipation causes a temperature rise, which propagates in the material through thermal diffusion. We monitor this dissipation through its effect on the surface temperature distribution. The resolution of the resulting images depends on the depth of the dissipative source as well as on the time at which the imaging is carried out.

The IR camera that we used in the setup that is shown in Fig. 1 is a Raytheon Radiance HS that contains a 256×256 InSb focal plane array, and operates in the 3–5μm spectral region. It is sensitive (with a 1ms integration time) to surface temperature changes of ~0.03℃, and can be operated at full frame rates up to 140Hz with that sensitivity. We have also observed the effects reported here with a considerably less expensive, uncooled, microbolometer focal plane array camera, operating in the long wavelength (7–10μm) of the IR.

The height of biomolecules measured with the atomic force microscope depends on electrostatic interactions

MATERIALS AND METHODS

Biological samples

Aquaporin-1 (AQP1) from human erythrocyte solubilized in octyl-f3-glucopyranoside was reconstituted in the presence of Escherichia coli phospholipids to form two-dimensional (2D) crystalline sheets (Walz et al., 1994). The 2D crystals were prepared at a concentration of -0.5mg protein/ml and 0.25mg/ml lipid in 0.25M NaCl, 20mM MgCl2, 20mM 2-(N-morpholino) ethanesulfonic acid (MES) (pH 6).

Hexagonally packed intermediate (HPI) layer from Deinococcus radiodurans, a kind gift of Dr. W. Baumeister, was extracted from whole cells (strain SARK) with lithium dodecyl sulfate, and purified on a Percoll density gradient (Baumeister et al., 1982). A stock solution (1mg/ml protein) was stored in distilled water at 4℃.

Purple membranes of Halobacterium salinarium strain ET1001 were isolated as described by Oesterhelt and Stoeckenius (1974). The membranes were frozen and stored at -70℃. After thawing, stock solutions (10mg protein/ml) were kept in distilled water at 4℃.

Porin OmpF trimers from E. coli strain BZ 1 10/PMY222 (Hoenger *et al.*, 1993) solubilized in octyl-polyoxyethylene were mixed with solubilised dimyristoyl phosphatidylcholine (99% purity; Sigma Chemical Co., St. Louis, MO) at a lipid-to-protein ratio (w/w) of 0.2 and a protein concentration of 1mg/ml. The mixture was reconstituted as previously described

(Hoenger et al., 1993) in a temperature-controlled dialysis device (Jap et al., 1992). The dialysis buffer was 20mM HEPES, pH 7.4, 100mM NaCl, 20mM $MgCl_2$, 0.2mM dithiothreitol, 3mM azide.

1,2-Dipalmitoyl-phosphatidylethanolamine (DPPE) from Sigma was solubilized in chloroform:hexane (1:1) to a concentration of 1mg/ml. The resulting solution was diluted in buffer solution (150mM KCl, 10mM Tris, pH 8.4) to a concentration of 100μg/ml.

Layered crystals

$MoTe_2$, a layered crystal of the family of transition metal dichalcogenides (Wilson and Yoffe, 1969), was employed to calibrate the piezo scanner of the AFM. It was prepared by chemical vapor transport (CVT), with chlorine or bromine as carrier gases in a temperature gradient of 100°C across the quartz ampule (Jungblut *et al.*, 1992), and was a kind gift of Y. Tomm. Muscovite mica (Mica New York Corp., New York) was used as the solid support for all samples. Mica minerals are characterized by their layered crystal structure, and show a perfect basal cleavage that provides atomically flat surfaces over several hundreds of square microns. Their hydrophilicity and relative chemical inertness (Bailey, 1984) make them suitable for the adsorption of biological macromolecules.

Atomic force microscopy

A commercial AFM (Nanoscope III; Digital Instruments, Santa Barbara, CA), equipped with a 120-μm scanner (j-scanner) and a liquid cell, was used. Before use, the liquid cell was cleaned with normal dish cleaner, gently rinsed with ultrapure water, sonicated in ethanol (50kHz), and sonicated in ultrapure water (50kHz). Mica was punched to a diameter of ~5mm and glued with water-insoluble epoxy glue (Araldit; Ciba Geigy AG, Basel, Switzerland) onto a Teflon disc. Its diameter of 25mm was slightly larger than the diameter of the supporting steel disc. The steel disc was required to magnetically mount the sample on to the piezoelectric scanner. Imaging was performed in the error signal mode, acquiring the deflection and height signal simultaneously. The deflection signal was minimized by optimizing gains and scan speed. The height images presented were recorded in the contact mode. The scan speed was roughly linear to the scan size, at 4-8lines/s for lower magnifications (frame size 1-25μm). The applied force was corrected manually to compensate for thermal drift. To achieve reproducible forces, cantilevers were selected from a restricted area of one wafer. The dimensions of one tip were measured in a scanning electron microscope to calculate the mechanical properties of the cantilever (Butt et al., 1993). The 120-μm-long cantilevers purchased from Olympus Ltd.(Tokyo, Japan) had a force constant of k=0.1N/m, and the 200-μm-long cantilevers purchased from Digital Instruments had a force constant of 0.15N/m. All cantilevers used had oxide-sharpened Si_3N_4 tips.

Sample preparation

To minimize contamination of surfaces during exposure to

ambient air, sample supports were prepared immediately before use. All buffers were made with ultrapure water (-18 MΩcm-1 Branstead, Boston, MA). This water contains fewer hydrocarbons than conventional bidistilled water and fewer macroscopic contaminants, both of which can influence the imaging process. Chemicals were grade p.a. and purchased from Sigma Chemie AG (Buchs, Switzerland). The buffers used were Tris-(hydroxymethyl)-aminomethane (from pH 10.2 to pH 7.2), MES (from pH 6.5 to pH 5.5), and citric acid (from pH 5.4 to pH 3.0). Macromolecular samples were checked before use by conventional negative stain electron microscopy (Bremer *et al.*, 1992) and/or by sodium dodecyl sulfate-gel electrophoresis.

The samples were diluted to a concentration of 5-10mg/ml in buffer solution (pH 8.2, 20mM Tris-HCl, 2100mM; monovalent electrolyte; except for DPPE, which was not further diluted) before adsorption to freshly cleaved mica. After an adsorption time of 10-60min, the samples were gently washed with the measuring buffer to remove weakly attached membranes. This allowed height measurements at low electrolyte concentrations, at which samples adsorb sparsely to mica (Muller et al., 1997a and 1997b). Experiments requiring constant pH were performed at pH 8.2. The isoelectric points of bacteriorhodopsin, AQP1, DPPE, and OmpF are 5.2 (Ross et al., 1989), 6.95 (calculated), -10 (Tatulian, 1993), and 4.64 (calculated), respectively. Thus, at this pH, all samples had a net negative charge, except for DPPE, which had a net positive charge.

이제 동일한 작업을 당신이 참고로 하는 논문에 대해 해보아라. 그 모델에 대해 좋은 확신을 갖기를 바란다. 이제 2.1절 의문에 대한 해답을 제시할 수 있을 것이다.

- 어떻게 방법/실험 절을 시작할까? 어떤 형태의 문장으로 시작해야 할까?
- 이 절에는 어떤 형태의 정보가 어떤 순서로 들어가야 할까?
- 이 절을 어떻게 끝마칠까?

2.4 어휘(Vocabulary)

〈방법〉절을 작성하는데 필요한 정보를 마무리하기 위해 모델 각 부분에 적절한 어휘를 알아보아야 한다. 이 절의 어휘들은 각 분야 600여 개의 논문들 중에서 발췌되었으며 그 과학저널 논문들 모두는 영어권 사람들에 의해 집필이 되었다. 자주 등장하는 단어/구들을 포함하는데 이는 저자나 편집자 모두에게 인정을 받는 어휘들이란 의미이다.

다음 절에서 다음 7가지 다른 영역에 사용되는 어휘들을 살펴 볼 것이다.

1. 재료/방법에 관한 일반 소개나 전반적 설명을 제공하거나 사용된 재료/장비의 출처를 밝혀라.

'were supplied by'같은 동사를 위시하여 'In this study, most of the samples were tested using...' 같은 구를 포함한다. 흔히 사용되는 단어나 표현들 리스트를 참조하여 당신의 첫 문장을 완성해 보아라.

2. 핵심적 배경지식을 제공하라.

이 리스트는 장비나 기구 그리고 그들의 위치까지 예컨대 '어디에 나란하게(parallel to)' 혹은 '등 간격으로(equidistant)' 등을 포함해서 언급한다. 이런 수치적 설명은 독자들이 당신 실험을 재현해보고자 할 때 매우 중요하다.

3. 재료와 방법에 관해 구체적이고 상세한 정보를 제공하라.
(즉 량, 온도, 지연시간, 연속성, 조건들, 위치 및 크기 등)

여기에 뭘 했고 뭘 사용했는지 구체적으로 밝히는 내용이 들어간다. 단지 그냥 'was done'이나 'was used'라 하기 보다는 좀 더 구체적인 단어인 'optimize'나 'extract' 등을 사용한다면 무엇이 이루어졌는가를 설명하는 시간을 절약할 수 있을 것이다.

4. 당신의 선택을 정당화 시켜라.

'in order to' 같은 구문을 사용하여 당신이 그런 선택을 한 이유에 대해 설명하라. 그리고 'enable'나 'facilitate'같은 단어를 이용하여 당신의 선택이 갖는 장점에 대해 설명하는 문장을 만들어라.

5. 적절한 주의력을 기울였음을 강조하라.

'careful'이나 'carefully'같은 단어를 이용하여 문장을 만들면 독자들에게 아주 강한 신뢰감을 가지게 만든다.

6. 다른 연구의 재료나 방법과 연관시켜 언급하라.

다른 연구 그룹에서 사용된 재료/방법과 당신의 그것이 정확하게 같은지, 비슷한지, 아니면 중요한 점이 다른지를 구별할 수 있게 해야 한다.

7. 어디에서 문제점이 발생했는지 설명하여라.

문제를 최소화하고 그 문제의 책임이 당신 때문이 아니라는 점을 설명하고 좋은 관점을 최대화하여 그 문제의 해결책을 제시하도록 해야 한다.

2.4.1 어휘 작업

이 단원의 〈방법〉절과 당신이 참고로 하는 논문의 〈방법 및 실험〉절을 잘 살펴보아라. 앞의 7가지 영역에 해당된다고 생각되는 부분에 그 번호를 표시해 보아라.

다음 페이지들에 모든 유용한 단어 리스트를 보인다. 이 리스트에는 가장 많이 사용되는 적절한 단어와 구들을 거의 다 포함한다. 사전에 나오지 않는 의미까지 그 의미를 철저하게 분석하여 파악해 두어라. 이 리스트는 앞으로 오랫동안 아주 유용할 것이다.

2.4.2 <방법>절에 많이 사용되는 어휘들

1. 재료/방법에 관한 일반 소개나 전반적 설명을 제공하거나 사용된 재료/장비의 출처를 밝혀라.

여기서 필요한 어휘 일부는 서론 어휘 리스트에 들어 있다. 당신이 뭘 하고 뭘 사용했는지를 설명하는 어휘 대부분은 여기에 속한다.

이 단어들은 세 가지로 분류 가능하다. 첫 번째 분류는 'attempt, consider, determine, investigate, report, suggest, verify' 같이 학문적 연구와 연관된 일반 단어들로 서론에서도 이 단어의 대부분은 사용 가능하다. 두 번째 분류는 'calculate, extract, isolate, formulate, incorporate, modify, plot, simulate' 같이 당신이 뭘 했는지를 나타내는 동사들로 다음 어휘 리스트에 나와 있다. 세 번째 분류는 당신 연구분야의 전문적 단어들로서 다른 분야에서는 별 필요성이 없는 예컨대 'clone, dissect, isotype, infuse' 같은 단어들이다. 다음 리스를 참고하라.

all (of)	(the) tests	is/are commercially available
both (of)	(the) samples	was/were acquired (from/by)
each (of)	(the) trials	was/were carried out
many (of)	(the) experiments	was/were chosen
most (of)	(the) equipment	was/were conducted
the majority (of)	(the) chemicals	was/were collected
	(the) models	was/were devised
	(the) instruments	was/were found in
	(the) materials	was/were generated (by)

		was/were modified was/were obtained (from/by) was/were performed (by/in) was/were provided (by) was/were purchased (from) was/were supplied (by) was/were used as supplied was/were investigated

다음은 이 단어들의 사용 예이다.

- **The impact tests used in this work** were a modified version of…
- **All reactions** were performed in a 27 ml glass reactor…
- **All cell lines** were generated as previously described in…
- **In the majority of the tests,** buffers with a pH of 8 were used in order to…
- **Both experiments** were performed in a greenhouse so that…
- The substrate **was obtained from** the Mushroom Research Centre…
- SSCE glass structures **were used** in this study to perform…
- The cylindrical lens **was obtained from** Newport USA and is shown in Fig. 3.
- **The material investigated** was a standard aluminium alloy; **all** melts were modified with sodium.
- Topographical examination **was carried out** using a 3-D stylus instrument.
- **The experiments were conducted** at a temperature of 0.5℃.

2. 핵심적 배경지식을 제공하라.

당신이 사용하였거나 제작한 기구 혹은 장치를 설명하기 위해 필요한 표준과정과 기교 등을 설명하는데 사용할 어휘들이다. 이 설명을 잘 하기 위해서는 단어들의 위치 선정을 잘 해 주어야 한다. 다음에서 단어/구의 사용법을 잘 익혀 두어라. 확신이 서지 않으면 사전적 의미를 적어둔 후 용어색인(인터넷 등에서 찾을 수 있음-컴퓨터로 어떤 책 등에 쓰인 각 단어의 총 사례들을 보여주도록 처리한 어휘 리스트)을 이용하여 어떻게 그들이 사용되는지 확인해 두어라.

opposite	facing		
out of range (of)	within range (of)	underneath	
below	under	on top (of)	
above	over	adjacent (to)	
parallel (to/with)	perpendicular (to)		
on the right/left	to the right/left		
(to) bisect	(to) converge	(to) intersect	
near side/and	far side/end		
side	edge	tip	end
downstream (of)	upstream (of)		
boundary	margin	border	
on the front/back	at the front/back	in the front/back	in front (of)
higher/lower	upper/lower	inner/outer	
horizontal	vertical	lateral	
circular	rectangular	conical	
equidistant	equally spaced		
on either side	on both sides	on each side	
is placed	is situated	is located	occupies
in mounted (on)	is coupled (onto)	is fastened (to)	is positioned
is aligned (with)	in connected (to)	is fixed (to)	is embedded

extends is attached to	is surrounded (by) is covered with/by	is fitted (with) is joined (to)	is encased (in)

다음은 이 단어들의 사용 예이다.

- Porosity was measured **at the near end and at the far end** of the polished surface.
- The compression axis **is aligned with** the rolling direction…
- The source light was polarized **horizontally** and the sample beam can be scanned **laterally**.
- The mirrors **are positioned near** the focal plane.
- Electrodes comprised a 4 mm diam disk of substrate material **embedded in** a Teflon disk of 15 mm diam.
- The intercooler **was mounted on top of** the engine…
- The concentration of barium decreases **towards the edge**…
- Similar loads were applied to **the front and side** of the box…
- A laminar flow element **was located downstream of** the test section of the wind tunnel…

다음 문장들 중 벽에 가장 가까운 테이블은 어떤 것인가?

The table was placed	against the wall.
The table was placed	next to the wall.
The table was placed	flush with the wall.
The table was placed	in contact with the wall.
The table was placed	right against the wall.
The table was placed	alongside the wall.

다음 문장들 중 문에 가장 가까운 시계는 어떤 것인가?

The clock was located just above the door.
The clock was located slightly above the door.
The clock was located immediately above the door.
The clock was located directly above the door.
The clock was located right above the door.

half as wide (as)는 half the width (of)와 같고,
half as heavy (as)는 half the weight (of)와 같고,
twice as long (as)는 twice the length (of)와 같고,
twice as strong (as)는 twice the strength (of)와 같음을 유의하라.
with/having a weight of 20 kg은 weighing 20 kg과 같고
with/having a width/length of 20 cm는 20 cm wide/long와 같음을 유의하여라.

3. 재료와 방법에 관해 구체적이고 상세한 정보를 제공하라.

이 부분의 단어들은 세 가지로 분류 가능하다. 첫 번째 분류는 'attempt, consider, conduct, determine, investigate, report, suggest, verify' 같이 학문적 연구에서 사용되는 일반 단어들로 1.4절인 서론의 어휘에서도 이 단어들 대부분을 볼 수 있다. 두 번째 분류는 당신 연구분야의 전문적 단어들로서 다른 분야에서는 별 필요성이 없는 예컨대 'anneal, calibrate, centrifuge, dissert, fertilize, ionize, infuse' 같은 단어들이다. 이것에 대해서는 나와 있지 않는데 이는 그 단어들이 그리 일반적 유용성이 없기 때문이다. 세 번째 분류는 'calculate, extract, isolate, formulate, incorporate, modify, plot, simulate'같이 당신이 뭘 했는지를 나타내지만 그다지 전문적이지 않은 행동을 나타내는 동사들이다. 이 단어들은 주로 수동형으로 표현이 되며 다음

어휘 리스트에서 볼 수 있다.

was adapted	was divided	was operated
was added	was eliminated	was optimized
was adopted	was employed	was plotted
was adjusted	was estimated	was positioned
was applied	was exposed	was prepared
was arranged	was extracted	was quantified
was assembled	was filtered	was recorded
was assumed	was formulated	was regulated
was attached	was generated	was removed
was calculated	was immersed	was repeated
was calibrated	was inhibited	was restricted
was carried out	was incorporated	was retained
was characterized	was included	was sampled
was collected	was inserted	was scored
was combined	was installed	was selected
was computed	was inverted	was separated
was consolidated	was isolated	was simulated
was constructed	was located	was stabilized
was controlled	was maintained	was substituted
was converted	was maximized	was tracked
was created	was measured	was transferred
was designed	was minimized	was treated
was derived	was modified	was varied
was discarded	was normalized	was utilized
was distributed	was obtained	

4. 당신의 선택을 정당화 시켜라.

because* by doing..., we were able to chosen for (+명사)	provide a way of (+-ing) selected on the basis of... so as to (+부정사)

chosen to (+부정사)	so/such that
for the purpose of (+-ing 혹은 명사)**	so (+-ing)
for the sake of (+부정사)	thereby (+-ing)
in an attempt to (+부정사)	therefore*
in order to (+부정사)	thus (+-ing)
it was possible to (+부정사)	to (+부정사)
offer a means of (+-ing)	to take advantage of
one way to avois...	which/this allows/allowed etc.
our aim was to (+부정사)	with the intention of (+-ing)

* 접속사로 사용하는 예는 1.2.2절을 참조하여라.

** 유용한 단어들의 부정사형(원형동사), 진행형(-ing 형) 그리고 명사형은 다음 리스트를 보아라. ϕ는 명사형이 불가능하거나 이런 동사는 이런 형식의 표현이 일반적이지 못함을 의미한다.

부정사(Infinitive)	진행형(-ing form)	명사형(noun form)
achieve	achieving	achievement
allow	allowing	ϕ
assess	assessing	assessment
avoid	avoiding	avoidance
compensate for	compensating for	compensation for
confirm	confirming	confirmation
determine	determining	determination
enable	enabling	ϕ
enhance	enhancing	enhancement
ensure	ensuring	ϕ
establish	establishing	establishment
facilitate	facilitating	facilitation
guarantee	guaranteeing	guarantee
identify	identifying	identification
improve	improving	improvement
include	including	inclusion

increase	increasing	increase
limit	limiting	limitation
minimize	minimizing	ϕ
obtain	obtaining	ϕ
overcome	overcoming	ϕ
permit	permitting	ϕ
prevent	preventing	prevention
provide	providing	provision
reduce	reducing	reduction
remove	removing	removal
validate	validating	validation

다음은 이 단어들의 사용 예이다.

- **To validate** the results from the metroscale model, samples were collected from all groups.
- The method of false nearest neighbours was selected **in order to determine** the embedding dimension.
- **For the sake of** simplicity, only a single value was analysed.
- **By partitioning** the array, all the multipaths could be identified.
- Zinc oxide was drawn into the laminate **with the intention of** enhancing delamination and cracks.
- **The advantage of** using three-dimensional analysis was that the out-of-plane stress field could be obtained.
- **Because** FITC was used for both probes, enumeration was carried out using two different slides.
- The LVDTs were unrestrained, **so allowing** the sample to move freely.
- The cylinder was constructed from steel, **which avoided** problems of water absorption.

5. 적절한 주의력을 기울였음을 강조하라.

아래 박스 안 단어들 대부분은 부사 형태이지만 형용사 형태(예 accurate)로도 나타낸다.

accurately	every/each	immediately	rigorously
always	exactly	independently	separately
appropriately	entirely	individually	smoothly
at least	firmly	never	successfully
both/all	frequently	only	suitably
carefully	freshly	precisely	tightly
completely	fully	randomly	thoroughly
constantly	gently	rapidly	uniformly
correctly	good	reliably	vigorously
directly	identical	repeatedly	well

다음은 이 단어들의 사용 예이다.

- A mechanical fixture was employed to hold the sonic horn **firmly** in place.
- After being removed, the mouse lungs were frozen and thawed **at least** three times.
- The specimen was monitored **constantly** for a period af 24 hours.
- They were then placed on ice for **immediate** FACS analysis.
- **Frequent** transducer readings were taken to update the stress conditions smoothly.
- The samples were **slowly and carefully** sheared to failure.

6. 다른 연구의 재료나 방법과 연관시켜 언급하라.

당신의 재료/방법을 다른 연구자의 그것과 연관시키는 방법에는 3가지가 있다.

선택 1: 당신이 사용한 과정/물질이 당신이 인용한 논문의 그것과 정확하게 동일하다.

according to	as reported by/in	given by/in
as described by/in*	as reported previously	identical to
as explained by/in	as suggested by/in	in accordance with
as in	can be found in	the same as that of/in
as proposed by/in	details are given in	using the method of/in

* 'by'와 'of'는 연구자의 이름이나 연구팀과 함께 사용된다(by Ross 혹은 using the method of Ross et. al.). 'in'은 보통 누구의 작업(in Ross et al.(2003))을 나타낼 때 사용된다. 다른 방법은 참고문헌을 인용할 때 문장 속 적절한 위치에서 사각 괄호 형태로 표시하거나 위첨자 형태로 표기한다.

선택 2: 당신이 사용한 과정/물질이 당신이 인용한 논문의 그것과 유사하다.

a (modified) version of	(very) similar	(to) adapt
adapted from	almost the same	(to) adjust
based in part/partly on	essentially the same	(to) alter
based on	largely the same	(to) change
essentially identical	practically the same	(to) modify
in line with	virtually the same	(to) refine
in principle	with some adjustment	(to) revise
in essence	with some alterations	(to) vary
more or less identical	with some changes	
slightly modified	with some modifications	

선택 3: 당신이 사용한 과정/물질이 당신이 인용한 논문의 그것과 중요한 부분이 다르다.

a novel step was... adapted from* based on* in line with loosely based on partially based on partly based on*	although in many ways similar although in some ways similar although in essence similar with the following modifications/changes:	(to) adapt* (to) adjust* (to) alter* (to) change* (to) refine* (to) revise* (to) vary* (to) modify*

* 별표 구문들은 선택 2와 선택 3에서 같이 사용된다. 이 구문들을 선택 2의 경우로 사용하고자 한다면 당신이 사용한 과정/물질과 인용한 논문의 그 차이가 그다지 중요하지 않을 때에는 그 차이를 언급할 필요는 없다. 그러나 선택 3인 경우에는 그 차이점이나 수정한 부분이 중요하므로 그 차이점이 무엇인지 반드시 언급을 해 주어야 한다. 특히 그 차별점이 뭔가를 개선한 것인 경우에는 더욱 더 그렇다.

다음은 이 단어들의 사용 예이다.

- Developmental evaluation was carried out using the Bayley Scales of Infant Development **(Bayley, 1969)**.
- The size of the Gaussians was adjusted **as in (Krissian et al., 2000)**.
- The centrifuge is a **slightly modified** commercially available model, the Beckman J6-HC.
- The protein was overexpressed and purified **as reported previously.**[10,12]
- **A revised version of** the Structured Clinical Interview (4th edition)[6] was
- **We modified** the Du and Parker filter to address these shortcomings and we refer to this modified filter as the MaxCurve filter.

- In our implementation **we followed** Sato et al. (1998) by using a discrete kernel size.

7. 어디에서 문제점이 발생했는지 설명하여라.

minimize problem	**minimize responsibility**	**maximize good aspects**
did not align precisely	limited by	acceptable
only approximate	inevitably	fairly welly
it is recognized that	necessary	quite good
less than ideal	impractical	reasonably robust
not perfect	as far as possible	however*
not identical	(it was) hard to	nevertheless*
slightly problematic	(it was) difficult to	
rather time-consuming	unavoidable	**talk about a solution**
minor deficit	impossible	future work should...
slightly disappointing	not possible	future work will*
negligible		currently in progress
unimportant		currently underway
immaterial		
a preliminary attempt		
not significant		

* 'future work should'와 'future work will'사이에는 흥미로운 차이점이 있다. 'future work should'라는 구문을 사용했다면 당신이 미래의 연구 방향을 제시하고 다른 연구자들이 그 연구에 도전거나 그 연구를 실행해보도록 초청한다는 의미를 가진다. 'future work will'이란 구문을 사용했다면 당신 자신만의 계획이나 의도를 연구자 공동체와 토론하기를 원한다는 의미이면서 이 계획이나 의도는 당신 자신 것이라는 의미로 이해된다. 즉 다른 연구자 공동체 사람들에게 이 연구 계획은 자신의 것이니까 손대지 말 것(hands off!)라고 말하는 것이다.

다음은 이 단어들의 사용 예이다.

- **Inevitably**, considerable computation was involved.
- Only a brief observation was feasible, **however**, given the number in the sample.
- **Although** centrifugation could not remove all the excess solid drug, the amount remaining was **negligible**.
- Solutions using (q=1) differed **slightly** from the analytical solutions.
- Continuing research **will** examine a string of dc-dc converters to determine if the predicted efficiencies can be achieved in practice.
- **While** the anode layer was **slightly** thicker than 13 μ m, this was a **minor deficit**.

2.5 〈방법〉절 작성하기(Writing a Methodology section)

다음 작업은 이 단원에서 배운 모든 정보를 다 모아서 들고 오는 것이다. 지금까지 배운 문법사항과 어휘들을 이용하여 모델에 근거하는 〈방법〉절을 작성할 것이다. 이제 2.3.3절에서 배운 모델과 2.4절에서 배운 어휘들을 손에 들고 있는지 확인해 보아라.

제2단원에서 〈방법〉절의 관례적(conventional) 모델을 만들었으며 관례적으로 사용되는 어휘들을 수집하였다. 〈방법〉절을 작성할 때 당신의 문장 패턴도 관례적이어야 한다는 점을 기억하여라. 그래서 이 단원과 당신이 참고로 하는 논문의 〈방법〉절 샘플에서 보았던 문장 패턴을 논문 작성 시 모델로 이용하여라.

지금은 모델을 정확하게 따라해 보아라. 그런 뒤 나중에는 당신 논문의 〈방법〉절을 확인할 때 이를 사용하라. 그래서 정보들이 다

적절한 순서대로 배치되어 있으며 독자들이 당신이 이 절에서 무엇을 하려고 하는지 알 수 있게 되어 있는지 확인해 보아라.

모델의 답안이 2.5.2절인 실마리(Key) 부분에서 주어져 있지만 가능하다면 영어원어민에게 당신 자신의 답안을 검토해 달라고 부탁해 보길 바란다. 이는 당신이 어휘들을 정확하게 사용하고 있는지 확인할 수 있는 방법이기도 한다.

2.5.1 <방법>절 작성하기

이 작업의 목적은 당신이 한 일과 사용한 것을 어떻게 설명할 것인가를 배우는 것이다. 그래서 당신 논문을 읽는 독자들이 당신이 한 실험을 정확하게 반복할 수 있고 또 당신이 얻은 결과와 정확하게 동일한 결과를 얻을 수 있도록 해 준다. 주의를 기울여 실험을 했으며 그 실험을 해야 하는 정당한 이유를 밝힐 것이라 독자들은 기대를 하고 있다. 전달할 내용은 '이것이 정말 내가 한 일이고 그 일을 나는 주의력을 기울여 행하였으며 이 일을 이런 방법으로 하게 된 정당한 이유가 있다(This is exactly what I did, I did it carefully and I had a good reasons for doing it in this way)'이다.

작업을 완수하기 위해 세계 최초로 닭요리를 하는 법에 관한 연구 프로젝트에 관한 연구논문을 작성하고 있다고 가정해보자. 지금까지는 닭은 요리하지 않고 생으로 먹었었다고 가정하자. 닭요리를 하는 과정(요리법)에 대해 설명하는 것을 마치 연구논문의 〈재료/방법〉절을 작성하는 것으로 가정해 본다.

'닭을 4동강으로 나누어라' 같은 식으로 바로 시작하지 말고 전체 요리과정에 대해 요약을 하면서 시작하거나 생닭을 구입한 출처를 먼저 말 할 수도 있을 것이다. 슈퍼마켓에서 구입했느냐? 실험실 내 사육실에서 공급된 것인가? 닭을 자를 때 무엇을 사용했는지 설명할 필요가 있다. 4 cm 길이의 사바티에 나이프를 사용한 것과 도끼를 사용한 것은 그 결과가 아주 달라진다. '4시간 정도 닭을 뜨거운 오븐에 넣는다'라고 쓰기 보다는 '시료는 이제 300×600 mm 스테인리스 스틸 판에 올려진 후 파나소닉 E458×500w 표준 팬지원형 오븐 속에 넣고 350℃로 온도를 올려 90분 동안 유지시켰다'라고 설명해 주어야 한다.

닭요리를 할 줄 모른다고 염려할 필요는 없다. 닭을 보드카 속에 넣고 끓여 요리를 했다고 하더라도 관계는 없다. 단 정확한 량과 사용한 보드카의 제조회사명을 정확하게 밝혀주어야 당신의 방법과 결과를 다른 연구자들이 재현해 볼 수 있게 된다. 수동형과 적절한 시제를 사용해야 함을 명심하여라.

새로운 요리과정을 보고할 당신 연구논문의 제목은 : '닭요리의 새로운 접근법(AN APPROACH TO THE PREPARATION OF CHICKEN)'이 될 것이다. 이 논문의 서론은 다음과 같을 것이다.

Introduction

Chicken preparation techniques are used in a range of applications both in homes and in restaurants. Chicken is easily available and can be locally produced in most areas; in addition it is easily digested and low in calories.[1]

Since Dundee's pioneering work reporting the 'natural'method of chicken preparation (Dundee et al., 1990) in which the chicken was killed and then eaten raw with salt, there have been significant innovations. Much work has been carried out in France in relation to improving the method of slaughtering chickens,[2] whereas in the USA researchers have concentrated on improving the size of the bird.[3,4] The 'natural' method is widely used since the time required for the process is extremely short; however, some problems remain unsolved. The flavor of chicken prepared using the Dundee method is often considered unpleasant[5] and there is a well-documented risk of bacterial infection[6] resulting from the consumption of raw meat.

The aim of this study was to develop a preparation method that would address these two problems. In this report, we describe the new method, which uses seasoning to improve the flavor while heating the chicken in order to kill bacteria prior to eating.

Now write the Methodology section of this paper. You should write approximately 250-400 words. If you get stuck and don't know what to write next, use the model and the vocabulary to help you move forward. Don't look at the Key until you have finished writing.

이제 이 논문의 〈방법〉절을 작성해 보자. 대략 250-400 단어 이내로 작성해야 한다. 말문이 막혀 다음에 어떻게 문장을 작성해야 할지 모르겠다면 모델과 어휘를 참조하면 진전이 있을 것이다. 작성을 마칠 때까지 실마리(Key) 절은 보지 마라.

2.5.2 실마리(Key)

이것은 샘플 답안이다. 이 답안을 읽을 때 각 문장에 모델의 어느 부분이 적용되었는지 생각해 보아라.

Two experiments were carried out using different combinations of seasoning and varying cooking temperatures. A 4.5kg frozen organic chicken was purchased from Buyrite Supermarket.

Buyrite only sell grade 'A' chickens approved by the Organic Farmers Association, thus ensuring both the homogeneity of the sample and the quality of the product. Seasonings were obtained from SeasonInc UK and were used as supplied.

According to the method described by Hanks et al. (1998), the chicken was first immersed in freshly boiled water cooled to a temperature of 20℃ and was subsequently rinsed thoroughly in a salt solution so as to reduce the level of bacteria on the surface of the chicken.[7] In order to obtain two samples of equal size and weight for testing, the chicken was first skinned using a standard BS1709 Skin-o-matic; the flesh was then removed from the bone with a 4cm steel Sabatier knife, after which it was cut into 3cm-cubes, each weighing 100g.

Two of the cubes thus obtained were randomly selected for testing. The cubes were dried individually in a Phillips R2D2 Dehydrator for 10minutes. Immediately after removing each cube from the dehydrator it was coated with the selected seasoning mixture[8] and left to stand on a glass plate for 30minutes at room temperature (16℃) in order to enhance absorption of the seasoning prior to heating. Seasoning quantities were measured used standard domestic kitchen scales and were therefore only approximate.

Each cube was then placed on an ovenproof dish and transferred to a pre-heated Panasonic Model 33KY standard electric fan-assisted oven at 150℃ for 10 minutes. The product was removed from the oven and allowed to come to equilibrium, after which the cubes were assessed according to the TTS test developed by Dundee (Dundee, 1997)

단원 3

결과(results) 작성법

3.1 구조(structure)

이 단원의 제목 또한 학문분야별이나 저널별로 달라진다. 결과란 제목 대신에 때로는 '분석(Analysis)' 혹은 '데이터 분석(Data Analysis)'이라 불리기도 한다. 다음 테이블에 논문에서 이 부분부터(결론 부분) 끝까지 나올 부제목(subtitle)들의 4가지 선택사항을 보여준다.

선택 1	선택 2	선택 3	선택 4
Results or Data Analysis	Results or Data Analysis	Results and Discussion	Results or Data Analysis
Discussion	Discussion	ϕ	Discussion and Conclusion(s)
Conclusion(s)	ϕ	Conclusion(s)	ϕ

모든 경우 다 이 절(section)은 당신이 발견하였거나 관찰한 사실에 대해 보고하는 곳이다. 부제목이 'Discussion'이라는 단어를 포함한다면 논의의 일부 혹은 전부가 포함된다. 〈방법〉절에서 마찬가지로 적절한 부제목을 선택하는 최선의 방법은 당신이 정기적으로 보고 있는 저널의 저자 가이드라인을 참조하는 것이다.

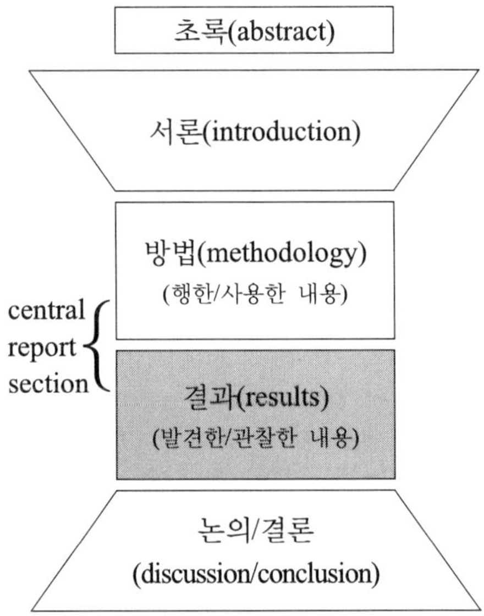

** 그림 3.1 연구논문이나 학위논문의 짜임새

대부분의 경우 〈결과〉절은 그래프나 테이블, 방정식 그리고 영상(사진) 등으로 이루어진다. 근데 왜 〈결과〉절을 작성하기가 성가신 것일까? 왜 단지 깔끔하고 훌륭한 그래프 혹은 훌륭하고 정확한 제목을 갖는 테이블 그리고 그 밑 부분에 부연 설명을 곁들이지 않는가? 이런 질문의 해답을 찾아보는 것이 이 절에서 무슨 내용을 적어야할지를 이해하기 시작하는 좋은 방법이다. 대부분의 사람들은 〈결과〉절을 작성한다. 그러나 단지 표, 그래프나 사진만으로 당신의 결과를 다 설명하기는 어렵다. 온전한 작업은 단어들을 사용함으로써 가능해진다.

〈결과〉절을 작성하는 이유는 여러 가지가 있다. 첫 번째 당신 결과의 일부는 다른 부분 보다 더 흥미롭거나 중요할 수 있지만 단지 표나 그래프만으로는 논의를 하기 힘이 든다. 그리고 두 번째로 당신의 결과를 이 연구의 목표와 연관 짓는 일이 아주 긴요하다. 세 번째는 어떤 경우 왜 특수한 결과가 발생했는지 혹은 당신의 결과를 다른 연구자들의 결과와 비교하여 설명하기 위해선 어떤 기본정보를 제공할 필요가 있다. 게다가 당신의 결과가 일부 문제를 포함하고 있을 수도 있다; 일부 실험이 온전하게 성공적이지 못하고 그에 대한 가능성이 있는 이유를 제시하기를 원할 것이다.

그러나 〈결과〉절을 그래프, 표 그리고 사진/그림에만 의존하지 않고 말로 설명하는 가장 중요한 이유는 당신의 연구결과를 이해하고 해석하는 부분에 대해 독자들과 소통(communication)을 해야 한다는 점이다. 결과는 스스로 말하질 않는다. 만약 그렇다면 표나 그래프만으로도 충분할 것이다. 당신의 독자들이 당신과 동의할 필요는 없지만 그들이 당신의 의견을 알고 당신의 결과를 이해 할 필요가 있다.

그러므로 다음과 같이 3가지 질문을 하게 된다.

- 〈결과〉절을 어떻게 시작할 것인가? 어떤 형식의 문장으로 시작해야 할까?
- 어떤 종류의 정보가 여기에 어떤 순서로 들어가야 할까?
- 이 절을 어떻게 끝맺음 할까?

이 절은 단지 당신이 관찰했거나 발견한 사실을 설명하기 보다는 당신이 관측했거나 발견할 사실에 대해 논평(comments)을 해주어야 한다는 사실을 이미 알고 있을 것이다. 아래의 〈결과〉절을 읽어 보아라. 이 논문은 제목은 '교통 조절 및 러시아워 시간대 일산화탄소 피폭량에 대한 접근법 모델링(A modeling approach to traffic management and CO exposure during peak hours)'이다. 논문 제목이 익숙하지 않거나 'median exposure' 같은 아주 기술적인 단어를 이해하지 못한다고 하여도 염려할 필요는 없다. 이 순간에는 단지 일반적인 이해 정도를 얻는 것에 만족하고 사용하는 언어의 형식(표현법)에 익숙해지도록 하여라.

Results

1 Data obtained in previous studies[1,2] using a fixed on-site monitor indicated that travel by car resulted in lower CO exposure than travel on foot. 2 According to Figo et al. (1999), the median exposure of car passengers was 11% lower than for those walking.[2] 3 In our study, modelled emission rates were obtained using the Traffic Emission Model (TEM), a CO-exposure modelling framework developed by Ka.[3] 4 Modelled results were compared with actual roadside CO concentrations measured hourly at a fixed monitor. 5 Figure 1 shows the results obtained using TEM.

6 As can be seen, during morning peak-time journeys the CO concentrations for car passengers were significantly lower than for pedestrians, which is consistent with results obtained in previous studies.[1,2] 7 However, the modelled data were not consistent with these results for afternoon journeys. 8 Although the mean CO concentrations modelled by TEM for afternoon journeys on foot were in line with those of Figo et al., a striking difference was noted when each of the three peak hours was considered singly (Fig. 2). 9 It can be observed that during the first hour (H1) of the peak period, journeys on foot resulted in a considerably lower level of CO exposure. 10 Although levels for journeys on foot generally exceeded those modelled for car journeys during H2, during the last hour (H3) the levels for journeys on foot were again frequently far lower than for car journeys.

11 A quantitative analysis to determine modelling uncertainties was applied, based on the maximum deviation of the measured and calculated levels within the considered period. 12 Using this approach, the uncertainty of the model prediction for this study slightly exceeds the 50% acceptability limit defined by Jiang.[7] 13 Nevertheless, these results suggest that data obtained using TEM to

simulate CO exposures may provide more sensitive information for assessing the impact of traffic management strategies than traditional on-site measurement.

모델을 만들기 이전에 다음에 나오는 문법과 작성 기법에 대해 먼저 읽어 보아라.

3.2 문법 및 작성 기법

이 절에서는 결론 부분에서 중요한 4가지 표현영역에 대해 다룬다.

- 연속성(Sequence)
- 빈도수(Frequency)
- 분량(Quantity)
- 인과관계(Casuality)

3.2.1 연속성(Sequence)

다른 연구자들이 당신 작업을 정확하게 재현하고 그 결과를 당신의 결과와 비교할 수 있게 하려면 당신이 한 일과 발견한 것의 순서(order)와 시간배열(time sequence)을 아주 상세하게 설명할 수 있어야 한다. 시간배열이란 각 단계별로 얼마의 시간이 걸렸으며 언제 그 단계가 발생되었는가를 포함하는 것이다. 단지 'then'이나 'next'만 사용해서는 안 된다. 이런 단어들은 그 상황이 발생한 순서는 독자들에게 알려줄 수 있지만 각 상황이 얼마 동안 발생했으며 그 다음 상황은 얼마 뒤에 어디에서 발생하였는지에 관한 정보를 제공할 수는 없다. 시간배열에 관해 잘 이해를 하여야 독자들이 당신의 작업을 잘 이해하고 자기들 스스로 재현해볼 수 있도록 만들 수 있다.

연속성에 관해 소통할 수 있는 단어나 구들은 8개 그룹으로 나뉜다. 1) 첫 번째 그룹은 실험/모의시행을 시작하기 이전 혹은 당신의 결과를 관측하기 이전에 발생한 상황을 나타내는 단어나 구들을 포함한다.

It was apparent <u>beforehand</u> that a reduction in temperature would be a desirable outcome.

2) 두 번째 그룹은 실험/모의시행의 시작이나 당신이 설명하는 첫 번째 결과를 나타낸다.

<u>At the beginning</u> the temperature was stable as predicted.

3) 세 번째 그룹은 상황들이 발생한 순서에 대해서는 언급이 되지만 시간배열에 대해서는 아무런 언급이 없는 단어나 구들을 나타낸다.

The temperature increased to 49℃ and <u>then</u> dropped to 30℃.

이런 경우 온도 강하는 온도가 49℃에 도달하자마자 바로 발생할 수도 있지만 아주 오랜 시간 뒤에 발생할 수도 있다. 단어 'then'은 독자들에게 상황들의 발생한 순서만 전달해준다.

4) 네 번째 그룹은 두 상황 사이에 아주 짧은 시간만 존재한다는 의미를 포함한다.

The temperature increased to 49℃ and <u>soon</u> dropped to 30℃.

5) 다섯 번째 그룹은 상황 사이의 시간 간격이 길거나 시간배열의 제일 끝으로 발생함을 의미한다.

The temperature increased to 49℃ and <u>later</u> dropped to 30℃.

6) 여섯 번째 그룹은 아주 유용하고 중요하다. 상황들이 동시나 거의 동시에 또는 같은 기간 동안에 발생함을 의미한다. 그래서 이 그룹 내 항목들은 종종 상황들 간의 가능한 인과관계를 나타내기도 한다.

The temperature dropped sharply <u>when</u> we reduced the pressure.

7) 일곱 번째 그룹은 상황 연속성의 마지막을 의미한다.

At the end there was a noticeable drop in temperature.

8) 마지막 그룹은 당신의 실험/모의시행을 마친 이후에 발생하거나 결과를 관측한 후 발생한 상황을 나타낸다.

At the end there was a noticeable drop in temperature but it was decided afterwards to omit it from the input data.

연속성을 의미하는 단어들을 모아 두었다.

after	firstly	previously
afterwards	formerly	prior to
as	immediately	secondly
as soon as	in advance	shortly after
at first	in the beginning	simultaneously
at that point	in the meantime	soon
at the beginning	in the end	straight away
at the end	initially	subsequently
at the same time	just then	then
at the start	lastly	to begin with
beforehand	later	to start with
before long	later on	towards the end
earlier	meanwhile	upon
eventually	next	when
finally	once	while
	originally	

이 리스트에 나오는 단어들을 8개의 그룹에 속하도록 분류해 보자. 각 그룹의 한 가지 예는 박스 내에 주어져 있으며 일부 단어들은 하나 이상의 그룹에 속할 수도 있다.

1. 시작하기 이전(before the beginning)

beforehand

2. 시작 혹은 첫 단계(the beginning or first step)

at the beginning

3. 단계/순서(steps/order)

then

4. 잠시 후(after a short while)

soon

5. 한참 후 단계(after a while/longer period)

later

6. 두 순간이 아주 혹은 거의 동일하게 발생한 순간/기간

when

7. 끝 혹은 마지막 단계(the end or last step)

at the end

8. 끝 이후에(after the end)

afterwards

❑ 실마리(KEY)

1. 시작하기 이전(before the beginning)

earlier formerly in advance	originally previously prior to

2. 시작 혹은 첫 단계(the beginning or first step)

at first at the beginning at the start firstly	in the beginning initially to begin with to start with

3. 단계/순서(steps/order)

after afterwards earlier next once	previously prior to secondly etc subsequently then

4. 잠시 후(after a short while)

before long shortly after	soon

5. 한참 후 단계(after a while/longer period)

eventually in time later	later on subsequently towards the end

6. 두 순간이 아주 혹은 거의 동일하게 발생한 순간/기간

as as soon as at that point at the same time immediately in the meantime just then	meanwhile simultaneously straight away upon+-ing when while

7. 끝 혹은 마지막 단계(the end or last step)

at the end eventually	finally lastly

8. 끝 이후에(after the end)

afterwards eventually	in the end later later on

3.2.2 빈도수(Frequency)

특정 상황이나 결과가 얼마나 자주 발생했는가를 명확하게 전달하는 것도 중요하다. 특정 결과가 매 상황마다 발생했다면 이는 매우 신뢰성이 높다. 시험 결과 그 상황이 종종 발생한다면 이는 신뢰성이 약간 줄어들게 된다.

〈방법〉절에서 빈도수 언급 없이 '어떤 일을 했다'고 적었다면 독자들이 당신의 방법을 정확하게 재현하기는 어려울 수도 있다. 〈결과〉절에서 빈도수 표시 없이 '어떤 일이 발생했다'라고 한다면 독자

들이 당신의 결과와 자신들의 결과를 비교할 수 없을 것이다. 어떤 특정 결과가 얼마나 자주 발생을 했는지를 알지 못한다면 독자들이 당신의 결과를 적절하게 평가하기 어렵다는 점이 대단히 중요하다.

빈도수를 나타내는 단어들을 100% 발생률(on every occasion)로부터 0%(never)의 순서대로 리스트에 실어 두었다. 그러나 빈도수 어법은 종종 주격(subjective way)으로 사용이 된다. 어떤 일이 종종 발생한다고 한다면 이는 얼마나 자주 그 일이 일어날까와 연관이 있을 것이다. 바꾸어 말하자면 이전 연구에서 특정 결과가 전혀 일어날 것 같지 않던 일이 당신 연구에서 18% 정도의 빈도수로 발생했다면 당신은 이 사건이 자주 발생한다고 여길 것이다. 반면 이전 연구 결과에서 어떤 사건이 자주 발생했는데 당신 연구에서는 57% 확률로 발생했다면 당신은 아주 드물게 발생한다고 여기게 될 것이다. 빈도수란 항목은 목적격적 특성을 갖지만 주격인양 사용된다.

다음 리스트에는 중간 빈도수를 나타내는 식별자가 있다. 'as often as not'이라는 구는 사건이 자주 일어나지 않는다는 사실을 표현할 때 사용된다. 50% 이상의 확률로 발생하는 사건은 양성 빈도수(positive frequency)라 하고 그 이하로 발생하면 음성 빈도수(negative frequency)이다. 그러나 1번 항목에서 11번 마지막 항목까지를 정확하게 몇 %의 확률인지 정량적으로 정의하기는 어렵다.

이 리스트는 11개의 그룹으로 나뉘는데 각 항목에는 약간씩의 의미 차이가 생기는 단어들을 포함하고 있다.

1	each/every time without exception on each/every occasion always invariably

2	habitually as a rule generally normally usually
3*	regularly repeatedly
4*	frequently often commonly
5	more often than not
6	as often as not **(neutral frequency)**
7	sometimes on some occasions at times
8	occasionally now and then from time to time
9	rarely seldom infrequently
10	hardly ever barely ever almost never scarcely ever
11	on no occasion not once at no time never

* 그룹 3과 4에 있는 단어들은 다른 그룹보다 훨씬 더 유연하게 사용이 가능하다.

각 그룹에 속한 단어/구들이 문장에 어떤 영향을 미치는지 살펴보자. 당신이 당신 지도교수를 월요일 아침에 만나고자 하며 도서관에서 그를 찾아야 할지를 알고 싶어 한다고 가정하자.

1. 그가 월요일 아침에 항상(always) 도서관에 간다면 그곳에서 당신은 그를 만날 수 있다.
2. 그가 월요일 아침에 일반적으로(generally) 도서관에 간다면 그곳에서 당신은 그를 찾을 것이라 기대하며 만약 만나지 못한다면 당신은 놀랄 것이다.
3. 그가 월요일 아침에 규칙적으로(regularly) 도서관에 간다면 그곳에서 당신은 그를 아마 만날 것이다.
4. 그가 월요일 아침에 종종(**often**) 도서관에 간다면 그곳에서 당신은 그를 만날 기회가 생길 것이다.
5. 그가 월요일 아침에 대개(**more often than not**) 도서관에 간다면 그곳에서 당신은 그를 찾아보아야 하며 오늘 만날지 못할 수도 있다.
6. 그가 월요일 아침에 대체로(more often than not) 도서관에 간다면 그곳에서 당신은 그를 만날 수도 있고 아닐 수도 있다. 확률이 50:50이기 때문에 예측하기는 어렵다. 그는 도서관에 가는 확률만큼 가지 않기도 한다.
7. 그가 월요일 아침에 때때로(**sometimes**) 도서관에 간다면 그곳에서 당신은 그를 만날 수도 있다(만나지 못하더라도 당신은 놀라지 않는다).
8. 그가 월요일 아침에 가끔(**occasionally**) 도서관에 간다면 그는 오늘 그곳에 있을 것 같지만 확실하지는 않다.
9. 그가 월요일 아침에 드물게(**rarely**) 도서관에 간다면 그는 오늘 그곳에 없을 것이다(즉 그곳에서 그를 찾으려고 애를 쓰지는 말아라).

10. 그가 월요일 아침에 거의(**hardly ever**) 도서관에 가지 않는다면 그를 그곳에서 만나길 기대하기는 어렵고 만약 만난다면 당신은 놀랄 것이다.
11. 그가 월요일 아침에 결코(**never**) 도서관에 가지 않는다면 그를 그곳에서 만날 수는 없을 것이다.

3.2.3 분량(Quantity)

단어는 놀랄만한 힘을 가지고 있어서 사람이 아주 강한 감동을 받도록 만들어준다. 예컨대 당신이 파티에 갔는데 누군가 당신에게 '와서 나의 이웃을 만나보라. 그는 살인죄로 감옥에서 10년간 복역을 했다'고 말했다고 치자. 당신이 그 남자의 얼굴을 본다면 아주 무서울 것이다. 그러나 그 대신에 '와서 나의 이웃을 만나보라. 그는 가난한 사람들에게 많은 도움을 준다'고 했다면 그는 아마 아주 친절하고 사려 깊은 사람이라 여겨질 것이다.

당신의 결과를 설명하는 언어 자체가 표나 그래프보다 더 많은 설득력을 가진다. 그림 3.2에 보이는 두 곡선을 주목하라.

당신이 이 그림에 대해 설명할 때 '그림에서 보듯이 두 곡선은 아주 비슷하다'라고 했다면 독자들도 두 곡선 사이의 유사성에 주목할 것이고 따라서 비슷하다고 느낄 것이다. 그러나 '그림에서 보듯이 두

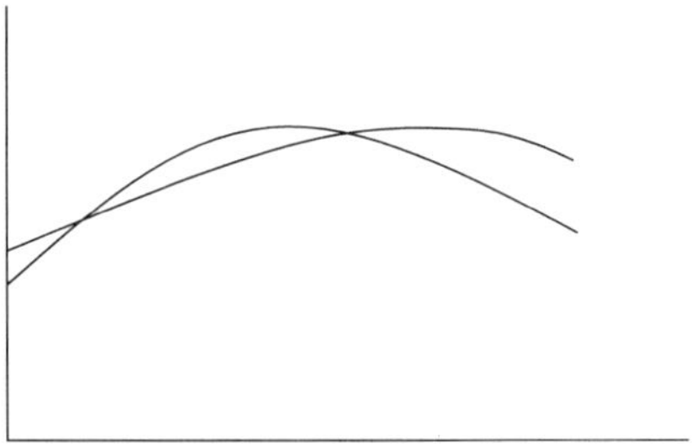

** 그림 3.2 관점의 차이에 따라 달라 보이는 두 곡선

곡선은 상당히 다르다'라고 했다면 독자들은 그 차이점에 주목하게 될 것이고 따라서 다르다고 느낄 것이다. 당신의 결과에 대해 당신이설명하는 방법에 따라 독자들은 당신이 그 결과를 어떻게 생각하는가를 느끼게 되고 그에 따라 설득 당하게 된다.

결과는 스스로 말하지는 않는다(Results do not speak themselves)! 결과를 설명할 때 숫자나 비율을 이용할 수 있지만 그런 숫자나 비율은 이미 그래프나 표를 통해 독자들도 알 수 있다. 독자들은 그 숫자나 량이 의미하는 바가 무엇인지 알고 싶어 한다. 예컨대 결과 그래프나 표를 볼 때 당신이 관측 중인 그 효과가 23%의 빈도로 발생한다면 당신은 이것을 강력한 결과(in as many as 23% of cases)라고 언급하거나 혹은 약한 결과(in only 23% of cases)라 언급할 수도 있다. 그러나 '그림 1에서 보듯이 그 효과는 23%의 빈도로 발생한다.'라고 표기했다면 당신이 아무런 추가적 언급을 하지 않아도 독자들이 이해를 하게 될 것이다.

당신의 결과가 무얼 의미하는지를 설명할 이런 기회를 잃어버리면 문제가 발생한다. 당신 결과에 대해 아무런 설명을 하지 않는다면 독자들은 당신과 다르게 이해를 할 수도 있다. 바꾸어 말하자면 만약 당신이 '그림 1에서 보듯이 그 효과는 23%의 빈도로 발생한다.'라고 말을 하면서도 속으로는 더 빈도가 높다고 생각한다고 할지라도 독자들은 23%보다 더 낮다고 생각할 수도 있는 것이다. 이런 일은 당신 논문의 나머지에 부정적 효과를 줄 것이고 특히 결론에는 치명적일 수 있다. 독자들이 당신의 결과를 받아들이길 원한다면 그 결론이 논리적이고 자연스럽게 당신 결과로부터 나와야 한다. 독자들이 당신의 결과를 이해하도록 당신의 결과에 대해 설명을 하지 않으면 독자들은 각각 다르게 그 결과를 보게 된다. 결과적으로 그 결과로부터 이끌어낸 결론은 자연스럽지도 논리적이지 않게 되어버린다. 실상은 이상스럽거나 놀라운 느낌을 독자들이 느끼게 만든다.

결과에 대한 당신의 해석을 피력하는 한 가지 방법은 3.2.2절에 나와 있는 빈도수 어휘들을 사용하는 것이다. 예컨대 '그림 1에서 보듯이 그 효과는 23%의 빈도로 발생한다.'라고 하기보다는

- 그 효과는 자주 나타난다(The effect was seen **frequently**); 23% 발생빈도가 당신이 보기에 빈도수가 높다고 느낄 때
- 그 효과는 가끔 나타난다(The effect was seen **occasionally**); 23% 발생빈도가 당신이 보기에 빈도수가 낮다고 느낄 때

설명 중인 그림 속의 숫자, 수준(level) 그리고 양에 대해 설명하는 또 다른 방법은 양적 표현을 이용하는 것이다. 양적 표현법은 수치를 양으로 대체하는 방법과 수치와 비교하는 방법의 두 가지가 있다. 양적 표현법은 다섯 가지 그룹으로 나뉜다.

1) 첫 번째 그룹은 크기/양이 아주 커 보이는 단어를 포함한다.

A **considerable** amount of residue remained in the pipe.

2) 두 번째 그룹은 크기/양이 작아 보이는 단어를 포함한다.

Barely 23% of the residue remained in the pipe.

3) 세 번째 그룹은 크기/양이 얼마나 큰지/작은지/많은지/적은지를 강조하는 내용을 포함한다.

The amount that remained was **even higher/even lower** than predicted.

4) 네 번째 그룹은 크기/양이 비슷/유사한 것을 의미한다.

Almost all/Almost half of the residue remained in the pipe.

5) 다섯 번째 그룹은 단지 양에 대해 언급하긴 하지만 얼마나 그 양이 많은지 혹은 적은지에 대해서는 언급하기 원하지 않는 의미를 포함한다.

Some of the residue remained in the pipe.

이런 식으로 사용 가능한 단어들 리스트이다.

a great deal (of)	marked
a few	markedly
a little	moderate
a number (of)	more (than)
appreciable	most
appreciably (higher/lower)	much
approximately	nearly
as many as (*e.g.* 45)	negligible
as few as (*e.g.* 45)	noticeable
at least	noticeably
barely	numerous
below	only
by far	over (half/25%)
close (to)	particularly
considerable	plenty
considerably (higher/lower)	practically
easily (over/under)	quite
even (over/under)	reasonably
exceptionally (high/low)	relatively
extremely (high/low)	significant
fairy (high/low)	significantly
far (above/below)	slight
few	small
fewer (than)	so (high/low)
greater (than)	some
hardly	somewhat
infinitesimal	substantial
in some cases	substantially

just just (over/under) less little marginal marginally (higher/lower)	to some extent under upwards of virtually well (under/over)

이 리스트 내 단어들을 앞에서 설명한 다섯 개의 그룹으로 분류해 보자. 논문 속 그림에 나오는 데이터를 설명할 때 사용되는 단어들이라 생각하면 도움이 될 것이다. 예컨대 'As can be seen in Fig. 1, a substantial amount of residue remained in the pipe' 일부 단어들은 하나 이상의 그룹에 속한다; 예컨대 'much'는 그룹 1에서는 'As can be seen in Fig. 1, much of the residue remained in the pipe'로 그리고 그룹 3의 경우에는 'As can be seen in Fig. 1, the amount of residue remaining in the pipe was much lower than expected'로 사용된다. 각 그룹의 대표 예 한 단어는 각 박스에 들어가 있다. 나머지 단어들을 분류해 보아라.

1. 크기/양을 증가시키는 단어나 구

most

2. 크기/양을 감소시키는 단어나 구

below

3. 얼마나 큰지/작은지/많은지/적은지를 강조하는 단어나 구

very

4. 크기/양이 슷하거나 유사함을 의미하는 단어나 구

almost

5. 크기/양을 해석하지는 않고 단지 양의 존재만 의미하는 단어나 구

some

❑ 실마리(KEY)

1. 크기/양을 증가시키는 단어나 구

a great deal (of)	most
a number (of)	numerous
as many as (45)	over (half/25%)
appreciable	plenty
at least	much
considerable	substantial
greater (than)	significant
marked	upwards of
more (than)	

2. 크기/양을 감소시키는 단어나 구

a few	little
a little	less
as few as 45	marginal
barely	negligible
below	only
few	slight

fewer (than)	small
hardly	under
infinitesimal	

3. 얼마나 큰지/작은지/많은지/적은지를 강조하는 단어나 구

appreciably	extremely (high/low)
by far	far (above/below)
considerably	particularly
easily (over/under)	so (high/low)
even (higher/lower)	substantially
exceptionally (high/low)	well (under/over)

4. 크기/양이 비슷하거나 유사함을 의미하는 단어나 구

approximately	little (즉 close to none)
close (to)	nearly
few	practically
few (즉 close to none)	slightly
just (over/under)	virtually

5. 크기/양을 해석하지는 않고 단지 양의 존재만 의미하는 단어나 구

fairly	reasonably
in some cases	relatively
moderate	some
quite	somewhat
rather	to some extent

3.2.4 인과관계(Causality)

결과를 설명할 때 당신이 관측한 사건들 사이의 연관성이나 관계를 나타내길 원할 것이다. 어떤 경우에는 한 사건을 다른 사건의 원인이 된다고 명백하게 설명할 수 있겠지만 다른 경우에는 한 사건이 다른 사건과 연관성이 있다고 말은 할 수 있지만 그 둘 사이의 연관성을 증명하지는 못하는 경우도 있다. 이 절은 당신이 관측한 상황들 사이의 관계를 당신이 어떻게 이해했는가를 표현하는 다양한 표현법에 대해 다룬다.

일부 단어나 구들은 원인과 결과(cause and effect)의 위치가 고정되어 있다. 예컨대 'x produced y'에서 주어 x는 원인이고 목적어 y는 결과이다. 'x originated in y'에서 x는 결과이고 y가 원인이다. 그러나 'x is linked to y'같은 경우에는 저자가 무엇을 말하고자 하는가에 달렸다. 즉 x는 원인 혹은 결과 둘 다 될 수 있거나 아니면 x와 y는 어떤 식으로 서로 연관이 되어 있음을 나타내고자 하는 의도를 갖는다.

다음에 나오는 리스트의 단어들은 명확하고/강력한 인과관계(cause, produce, be due to)를 나타낸다. 일부(be a factor in, contribute to)는 부분적인 인과성을 그리고 일부(originate in, initiate)는 초기 혹은 첫 원인을 나타낸다. 또 아주 약한 인과관계(be related to, link)를 나타내는 단어들도 있다. 이 단어들은 특정 상황이나 현상들이 서로 연계성이 있긴 하지만 어떤 것이 원인이고 어떤 것이 결과인지 확신하지 못할 경우에 유용하다. 심지어는 그 상황들 간에 확실한 인과관계가 있는지 확신하지 못할 경우도 해당된다. 이런 종류의 단어에는 '*'를 붙여두었다. 이런 단어들 전부가 수동형으로 사용되는 것은 아니지만 수동형이 가능한 단어는 수동형도 표시해두었다.

주의

- 'the cause'와 'the result'는 이 둘만이 서로 원인과 결과이지만 'a cause'와 'a result'는 다른 요인이 포함될 수도 있다.
- 'x results from y'는 x가 y의 결과란 의미이고 'x results in y'는 y가 x의 결과라는 의미이다.

(be) a/the cause of	create/(be) created
(be) a/the consequence of	derive/(be) derived
(be) a factor in	effect/(be) effected
(be) a/the result of	elicit/(be) elicited
(be) due to	give rise to
accompany/(be) accompanied*	generate/(be) generated
account for/(be) accounted for	influence/(be) influenced
affect/(be) affected	initiate/(be) initiated
arise from	link/(be) linked*
ascribe to/(be) ascribed to	originated in
associate/(be) associated*	produce/(be) produced
attribute to/(be) attributed to	relate/(be) related*
bring about/(be) brought about	result from
cause/(be) caused	result in
come from	stem from
connect to/(be) connected to*	trigger/(be) triggered
contribute to	yield

'x caused y'같은 원인을 나타내는 문장들은 좀 위험한데 그 이유는 그들은 나중에 틀렸음이 입증될 수 있기 때문이다. 따라서 과학논문은 그런 서술을 할 때 저자의 책임감을 경감시킬 수 있는 여러 가지 방법을 개발해 오고 있다. 즉 앞의 박스에서 볼 수 있는 한 가지 방법은 원인이 되는 동사의 역할을 줄여서 'x caused y'라 하는 대신에 'x was linked to y'로 표현한다. 원인의 표현법을 부드럽게 함으로써 당신의 위험성과 책임감을 줄이는 몇 가지 방법을 보인다.

다음 방법 중 한 가지를 사용하면 된다.

It appears that... It can/may* (therefore) be inferred/assumed that... It is (very/highly/extremely) probable/likely that... It is (widely/generally) accepted that... It is/may be resonable to suppose/assume that... It is/may be thought/recognized/believed/felt that... It is/may/can be assumed that... It stems (likely) that... It would seem/appear that... The evidence points to the likelihood/probability that... The evidence suggests that... There is a clear/good/definite/strong possibility that... There is evidence to indicate that... This implied/seems to imply/may imply that... Apparently, (therefore), There seems to be/is a tendency to It is thought/said/recognized that	x caused y

* 이런 형태의 동사(법조동사(modal verbs))는 다음 단원에 나오지만 더 많이 존재한다.

다른 옵션은 빈도수 단어를 추가하거나

x often caused y

x commonly caused y

x rarely caused

혹은 양적 단어를 추가하거나

x caused in many cases

x caused in some cases/to some extent

x caused in virtually all cases

혹은 법조동사를 추가하거나

x may have caused y

x might have caused y

x could have caused y

이 들 하나 이상을 동시에 사용하여 문장을 형성하기도 한다. 너무 많은 인과성을 사용하면 그 문장이 전혀 그런 뜻이 안 될 수도 있기 때문이다.

The evidence points to the possibility that in many cases, x can contribute to certain types of y.

3.3 글쓰기 작업: 모델 만들기(Writing task: Building a model)

3.3.1 모델 만들기

결과론 모델을 만들기 위한 준비 작업으로 표 3.1에 보이는 예를 보고 오른쪽 빈칸에 각 문장에서 저자가 하고자 하는 바를 간단하게 적어보아라. 각 문장의 실마리(Key)는 다음 절에 나와 있다. 일단 당신 스스로 모델을 만들었다면 실마리(Key)를 이용하여 실제로 당신이 논문을 작성할 때 그 논문의 한 절을 만드는데 도움이 될 것이다.

❑ 가이드라인

이 작업을 하는데 30~40분 정도의 시간이 소요될 것이다. 첫 번째 문장을 잘 구성하기 어렵다면 문장 5와 같이 좀 더 쉬운 문장을 택하여 시작해 보아라. 당신 모델이 다른 방법론으로 전환이 가능할 때 그 모델이 유용하다는 사실을 명심하여라. 그러므로 'traffic' 같은 전문 단어를 모델에 포함시키면 그 모델로는 일반화된 방법론의 표준 모델로 사용하기 곤란해진다.

저자가 무엇을 말하는가보다 무슨 연구를 하고 있는가를 알아낼 수 있는 한 가지 방법은 당신 컴퓨터가 우연히 그 문장을 지워버렸다고 상상해보는 것이다. 독자의 입장에서 당신은 어떤 느낌이 들겠는가? 컴퓨터 자판의 다른 키를 눌러주니까 지워졌던 문장이 다시 살아났다면 그 사실은 당신이 반응하는 방법에 어떤 효과를 미칠까?

저자가 무엇을 말하는가보다 무슨 연구를 하고 있는가를 알아낼 수 있는 또 다른 방법은 문법이나 어휘에서 그 실마리를 찾아보는 것이다. 주동사의 시제는 무엇인가? 주로 어떤 시제를 사용하는가? 앞의 문장 시제와 현 문장 시제가 동일한가? 그렇지 않다면 저자가 시제를 왜 바꾸었을까? 어떤 단어를 저자가 선택하여 사용하는가?

완벽한 모델을 만들 것이라 기대하지는 말라. 나중에 나오는 실마리 절을 보거나 당신이 참조로 하고 있는 논문의 방법론을 보면서 모델을 수정해 나가면 된다.

**** 표 3.1 <결론>절 모델 만들기 연습 예**

A modelling approach to traffic management and CO exposure during peak hours *Results* **1** Data obtained in previous studies[1,2] using a fixed on-site monitor indicated that travel by car resulted in lower CO exposure than travel on foot. **2** According to Figo *et al.* (1999), the median exposure of car passenger was 11% lower than for those walking[2]. **3** In our study, modelled emission	**In this sentence, the writer:** 1 ________________ 2 ________________ 3 ________________

rates were obtained using the Trafic Emission Model (TEM), a CO-exposure modelling framework developed by Ka[3]. **4** Modelled results were compared with actual roadside CO concentrations measured hourly at a fixed monitor. **5** Fig. 1 shows the results obtained using TEM.	4 ________________ 5 ________________
6 As can be seen, during morning peak-time journeys the CO concentrations for car passengers were significantly lower than for pedestrians, which is consistent with results obtained in previous studies[2]. **7** However, the modelled data were not consistent with parallel FOM measurements for afternoon journeys. **8** Althought the mean CO concentrations modelled by TEM for afternoon journeys on foot were in line with those of Figo et al., a striking difference was not noted when each of the three peak hours was considered individually (Fig.2).	6 ________________ 7 ________________ 8 ________________
9 It can be observed that during the first hour (H_1) of the peak period, journeys on foot resulted in a considerably lower level of CO exposure. **10** Although levels generally exceeded those modelled for car journeys during H_2, during the last hour (H_3) the levels for journeys on foot were again frequently far lower than for car journeys.	9 ________________ 10 ________________

11 A quantitative analysis to determine modelling uncertainties was applied, based on the maximum deviation of the measured and calculated levels within the considered period. **12** Using this approach, the average uncertainty of the model prediction for this slightly exceeds the 50% acceptability limit defined by Jiang[7]. **13** Nevertheless, the results suggest that data obtained using TEM to simulate CO exposure may provide more sensitive information for assessing the impact of traffic management strategies than traditional on-site measurements.	11 ________________ 12 ________________ 13 ________________

3.3.2 실마리(KEY)

> **문장 1과 2**인 'Data obtained in previous studies[1,2] using a fixed on-site monitor indicated that travel by car resulted in lower CO exposure than travel on foot. According to Figo et al. (1999), the median exposure of car passenger was 11% lower than for those walking[2].'에서 저자는 다른 연구자가 발견한 것이나 결론 등을 참고로 언급한다.

□ 왜 나의 결과를 언급하면서 시작하지 않는 걸까?

개인의 결과를 설명하면서 시작하면 독자들이 당신의 결과에 개개인의 결과들을 합쳐서 전체적인 경향을 세울 필요가 있다. 이는 독자들에게 어려운 일이다. 정보를 정리하여 독자들이 쉽게 이해하도록 하는 것은 저자인 당신의 몫이다. 그러므로 모든 부절(subsection)들을 소개하는 내용부터 시작하는 것이 독자를 배려하는(reader-friendly) 작업이다. 새로운 절이나 부절을 시작할 때에는 독자를 배려하여 첫 번째 문장은 항시 이전 내용으로부터 부드럽게 넘어가도록 해야 한다. 이렇게 하는데 좋은 두 가지 방법이 있다.

1. 현재 절의 전모를 제공해주면서 시작한다. 결과에 대한 전반적인 개요와 경향에 대해 설명해주는 것이다. 개별적 결과들에 대해 먼저 이야기를 시작하여 독자들이 그들을 조합하게 만드는 'bottom-up' 방식을 택하게 되면 독자별로 당신 결과에 대해 서로 다르게 해석하게 될 위험성이 존재한다. 따라서 뭘 발견했는지에 대한 전모파악을 할 수 있게 설명을 시작하는 것이 바람직하다. 전모에 대해 먼저 설명하면 독자들이 벽돌(세부사항)을 보기 이전에 벽(전모)을 먼저 보게 될 것이다. 이런 전모파악을 독자에게 먼저 시켜주는 습관은 일련의 결과에서 새로운 결과에 대한 설명으로 넘어갈 때에도 마찬가지이다.

2. 이전 절의 어떤 점을 먼저 언급하면서 새로운 절을 시작한다. 예컨대 다음과 같은 이전 절의 내용을 참조사항으로 언급할 수 있다.

- 이 분야 연구의 일반적인 목표 (서론 부분에서 언급된 목표임)
- 당신이 초점을 맞추고 있는 구체적인 연구의 문제점 또는 당신 프로젝터의 목표 (서론 부분에서 언급된 목표임)
- 방법론
- 시험을 해 보게 될 예측사항이나 가정 (서론 부분에서 언급된 목표임)
- 이 분야 다른 연구그룹의 발견 내용 (서론 부분에서 언급된 목표임)

❑ 구체적 연구의 문제점이나 이 프로젝터의 목표를 왜 다시 언급해야 할까?

궁극적으로 〈논의(Discussion)〉절에서는 당신의 연구결과가 어느 정도 문제점을 해결했으며 서론에서 소개했던 목표를 어느 정도 충족했는지에 대해 언급해야 한다. 그러므로 당신의 연구결과는 당신의 목표와 아주 밀접한 관계에 있어야 한다; 사실 당신이 결론을 검토할 때에는 서론으로 돌아가서 애초에 세웠던 목표를 정교하게 재설정해 줄 필요가 있다.

❑ 다른 연구자들의 발견사항이나 애초의 예견에 대해 다시 언급하면서 시작해야 할까?

당신의 결과는 당신이 서론에서 밝혔던 애초의 예견(prediction)을 지지하거나 수정하거나 혹은 반목할 수 있다. 그리고 당신의 결과는 다른 연구자들의 발견내용을 지지하거나 수정하거나 혹은 반목할 수도 있다. 이 절의 서두에 애초의 예견이나 다른 연구그룹의 발견내용을 반복함으로써 당신의 독자들은 당신의 결과물이 어떻게 그런 예견이나 발견사항들과 관련성이 있는지 좀 더 명확하게 알 수 있게 된다. 당신 독자들은 당신만큼 당신 논문의 전반부를 잘 기억하지는 못한다.

문장 3과 4인 'In our study, modelled emission rates were obtained using the Trafic Emission Model (TEM), a CO−exposure modelling framework developed by Ka[3]. Modelled results were compared with actual roadside CO concentrations measured hourly at a fixed monitor.'에서 저자는 자신의 방법론으로 되돌아가 새로운 정보를 추가하였다.

첫 문장에서 방법론을 참조할 것인지 요약을 할 것인지를 결정해 주어야 한다. 이런 일을 해야 하는 이유는 결과를 얻기 위해 사용한 물질이나 장비 및 방법에 대한 중요성을 부각시키기 위함이다. 다른 이유는 독자들에게 방법론을 회상시켜주기 위함이다. 물론 당신은 당신 자신의 연구이기 때문에 잘 기억을 하겠지만 독자들은 이런 당신의 친숙성을 공유하지 못한다. 그리고 방법론의 보다 구체적인 내

용들은 실험방법에 대한 기본 뼈대만 다루던 앞의 실험 절보다는 여기에서 더 자세하게 논의된다. 방법이 복잡하고 구체적일수록 이 절에서 더 자세하게 논의되어야 한다.

다른 절에서와 마찬가지로 기초정보 또한 이 절에서 아주 일반적으로 필요하다. 예문에서도 결과를 얻기 위해 사용된 장비와 기구들에 대한 정보를 제공하고 있다(a CO-exposure modelling framework developed by Ka[3]). 결과 절 후반부에서는 왜 이런 구체적인 결과가 발생하였는지에 대해 설명하기 위한 좀 더 사실적인 정보를 제공해야 한다. 설혹 사용한 재료의 특성 때문에 얻어진 결과라 할지라도 그 특성에 대해 독자들에게 정보를 제공할 필요는 있는 것이다. 항상 그렇듯이 너무 적은 정보를 주는 것보다는 좀 지나치다 싶을 정도로 많은 정보를 제공해주는 것이 좋다. 토픽의 범위가 넓을수록 더 많은 기본 정보를 제공해야 한다. 그리하여 모든 독자들이 왜 이런 결과가 나왔는지 이해할 수 있도록 해 주어야 한다.

문장 5인 'Fig. 1 shows the results obtained using TEM.'에서 저자는 독자들이 그래프/그림/표 등을 주목하도록 유도한다.

왜 독자들이 시각적 자료를 보도록 유도해야 할까? 독자들이 논문을 읽어 내려가려면 반드시 그림을 보아야 한다. 그림을 보라는 문장을 당신이 보게 되면 당신은 어떤 반응을 하는가? 아마 일기를 멈추고 그림을 볼 것이다. 당신이 보고 있는 그림을 이해하고 데이터를 분석하고자 노력할 것이다. 그런 뒤 다시 본문 읽기를 계속하면서도 그림을 보면서 했던 해석을 계속 기억할 것이다. 그림의 데이터가 아주 명료하여 오직 한 가지의 해석만 가능하다면 그림을 보라고 독자들을 유도할 필요까지는 없다. 문장 5의 경우처럼 결과가 아주 명확하고 쉽게 해석이 된다면 당신이 그것에 대해 의견을 피력하

기 전에 독자들 스스로가 그림을 보도록 두어도 된다. 하지만 많은 그림, 표 그리고 사진에 나오는 데이터들이 한 방향으로 해석이 어렵다면 독자들에게 그림을 보도록 유도하기 이전에 그 결과에 대해 먼저 설명을 첨가해야 한다. 그렇게 하지 않는다면 독자들은 당신의 의사와 다른 해석을 할 수 있다.

> **문장 6**인 'As can be seen, during morning peak-time journeys the CO concentrations for car passengers were significantly lower than for pedestrians, which is consistent with results obtained in previous studies[2].'에서 저자는 구체적 결과를 인용하여 다른 연구 그룹에서 얻어진 결과와 주관적이면서 평가적인 비교를 하였다.

❑ 나의 연구결과를 다른 사람의 결과와 비교할 필요가 있는가?

이 책의 목표 중 하나가 당신 자신의 연구를 시작하기 이전에 작성했던 문서들과 자신만의 결과물을 만든 지금의 문서들의 차이를 인식하게끔 만드는 것이다. 지금까지는 당신보다 더 당신의 실험 주제에 대해 잘 알고 있는 당신 선생이나 교수들에게 보여주는 보고서에 준하는 문서들 정도만 작성해보았을 것이다. 지금까지는 다른 연구자들이 이미 해보았던 실험을 재현해보는 수준이었기에 대부분 그 결과도 이미 예측이 가능했을 것이다. 당신의 유일한 일은 이미 당신이 어떤 방법으로 실험을 했으며 어떤 결과를 얻을지 잘 아는 사람들에게 당신이 행한 실험방법과 그 결과를 설명해 주는 일이었다.

하지만 지금부터는 결과를 보고하는 것 외에도 마음속에 세워둔 연구계획서(research map)상에 그 결과를 자리매김(mapping) 해 두어야 한다. 이 말의 의미는 독자들에게 현재 연구 밑그림 상의 어떤 부분과 어떻게 당신의 결과가 적용되는지를 보여주어야 한다는 것이다. 즉 당신의 연구결과를 참고문헌의 결과들과 비교해주어야 한다.

〈논의〉절에서 자리매김에 대해 더 구체적으로 방법을 개발하겠지만 이런 일을 더 효과적으로 하기 위해서는 우선적으로 당신의 연구결과를 현존하는 결과와 잘 부합시키는 일이 먼저다.

❑ 어떤 순서로 나의 결과를 발표해야 할까?

독자들에게 당신의 결과물을 발표할 때 그 순서가 매우 중요하다. 당신은 가장 중요한 결과를 먼저 알리고 싶어 안달이 나겠지만 그 가장 중요한 결과로 이끌어줄 부수적 결과들을 먼저 설명하는 것이 필요하다.

❑ 단지 그냥 그림이나 표에 나온 사실만 설명하지 않고 왜 평가적 어법을 사용해야 할까?

앞에서도 말했듯이 결과물은 스스로 말을 하지 않는다. 항시 평가적 어법을 사용할 필요는 없다. 때로는 결과를 수치적으로나 혹은 평가적이지 않은 방법 즉 객관적으로 볼 수도 있다. 하지만 단지 그림이나 표에 무엇이 있는지만 말한다면 독자들 스스로가 느낄 수 있는 것에 불과할 것이다. 결과에 어떤 해설을 해주는 것은 독자들을 설득하는 방법이 된다. 앞에서도 언급했듯이(3.2.3절 참조) '그림 1에서 보듯이 두 곡선은 아주 유사하다'라고 하면 독자들도 두 곡선의 유사성에 초점을 맞추겠지만 만약 '그림 1에서 보듯이 두 곡선은 아주 많이 다르다'라고 한다면 독자들도 차이점에 초점을 맞추게 될 것이다.

> **문장 7**인 'However, the modelled data were not consistent with parallel FOM measurements for afternoon journeys.'에서 저자는 새 단락을 시작하기 위해 결과에 대한 일반적 설명을 하고 있다.

이 문장에서 저자는 'However'이라는 접속사를 이용한 새로운 단락을 시작하면서 좀 더 흥미롭고 논란거리가 될 만한 결과를 제시하여 저자와 이에 대해 토론하고자 한다. 저자의 입장에서는 어떤 결과가 흥미롭고 중요한지 항시 알고 있지만 이에 대해 독자들과 토론하지 않는다면 독자들은 당신의 모든 결과들이 다 동일한 기능과 동일한 중요성을 갖는 것으로 여길 것이다.

> **문장 8**인 'Althought the mean CO concentrations modelled by TEM for afternoon journeys on foot were in line with those of Figo et al., a striking difference was not noted when each of the three peak hours was considered individually (Fig.2).'에서 저자는 특별한 결과를 제시하고 이를 'striking difference'같은 구문을 이용하여 다른 연구의 결과와 비교하는 토론을 하고 있다.

어떤 순간에는 중요하고 전형적이며 특히 흥미로운 결과들을 개별적으로 좀 상세하게 설명할 필요가 있다.

❑ 'striking'같은 단어는 너무 비정규적이지 않은가?

단언하건데 그렇지 않다. 과학연구논문은 느낌표(exclamation mark; '!')는 잘 사용하지 않는다. 심지어 당신 논문이 매우 흥미롭다고 느껴 감탄을 표하고 싶은 생각이 들지라도 느낌표는 잘 사용하지 않는다. 그 대신에 과학논문에서는 'wow!!'하는 느낌을 갖는 성취감을 'striking' 같은 단어를 이용하여 나타낸다. 〈논의/결론(Discussion/Conclusion)〉절의 어휘부분에서 여기에 해당하는 단어들을 볼 수 있다.

'Although'란 단어를 이용하여 문장을 시작하면 독자들이 문장의 의도를 정확하게 이해하는데 도움이 된다. 그래서 문장을 다음과 같이 수정할 수 있다.

> The mean CO concentrations modelled by TEM for afternoon journeys on foot were in line with the FOM data but a striking difference was noted when each of the three peak hours was considered singly.

하지만 이 경우에는 독자가 문장의 중간에 나오는 'but'을 만날 때까지 문장의 전반부에 나오는 정보의 기능을 알아차리지 못하므로 그 때까지 기다려야 한다. 문장 중간에서 'but'을 만난 후 이해하기 위해 다시 문장의 전반부를 되돌아보아야 한다. 그러므로 문장의 의도 전환용 접속사는 문장의 전반부에 나올수록 더 유용하다.

> **문장 9과 10**인 'It can be observed that during the first hour (H_1) of the peak period, journeys on foot resulted in a considerably lower level of CO exposure. Although levels generally exceeded those modelled for car journeys during H_2, during the last hour (H_3) the levels for journeys on foot were again frequently far lower than for car journeys.'에서 저자는 논평하는 어법을 사용하여 보다 구체적으로 특정 결과를 상세하게 설명하고 있다.

❑ 나의 결과를 단지 보여주기만 할 것이 아니라 설명까지 해야만 할까?

그것은 당신의 결과가 얼마나 복잡한가와 작성하는 논문의 형식에 달려있다. 왜 이런 특정 결과가 발생하였는지를 설명하기 위한 기초가 되는 정보, 예컨대 당신이 조사 중인 물질의 특성에 관한 정보라든지 당신이 사용한 실험방법 등에 대한 정보를 제공하는 설명이 필요하다. 결과를 설명하는 일(왜 이런 일이 발생했는지)과 결과를 평가하는 일(수치가 의미하는 바가 뭔지) 그리고 그 결과가 가질 영향력(결과가 암시하는바나 주장하는바) 사이의 차이점을 이해하기 바란다. 현 시점에서는 단지 결과에 대한 아주 직접적인 설명만 하도록 제한을 받지만 나중에 〈논의 및 결론〉절에서는 보다 폭넓은 논의와 주장을 할 수 있게 될 것이다.

❑ 어떤 결과만 자세하게 설명해야 하는 가를 어떻게 알 수 있는가? 왜 전체를 자세하게 설명하면 안 되는 것인가?

모든 결과를 동급으로 자세하게 설명하게 되면 독자들은 모두가 비슷한 중요성을 갖는다고 느낄 것이다. 이는 우리가 바라는 바가 아니지 않는가. 결과 중 일부는 다른 결과보다 더 중요할 것이고 일부는 아주 형식적이며 일부는 핵심적인 반면 그 외는 이 결과를 보조하는 흥미 정도만 갖는 일일 것이다. 그런데 문장이란 그저 흰 종이에 까만 선을 긋는 것에 불과하므로 독자들은 당신의 목소리를 들을 수도 없으므로 특정 결과의 중요성을 강조하는 당신의 주장도 들을 수 없다. 문장을 빨간색으로 인쇄 할 수도 없고 우리가 볼 수는 있지만 느낌표도 사용할 수가 없다. 그러므로 당신이 강조하고픈 내용이 들어 있는 문장을 골라서 독자들과 상세하게 논의를 해 나간다면 강조표시를 하거나 밑줄을 긋지 않더라도 독자들에게 그 문제의 중요성을 부각시키는 것과 마찬가지의 결과를 얻을 수 있다.

흥미로운 것은 최상의 결과를 마치 그 결과가 전형적인 결과인 것 같은 인상을 주는 방식으로 설명을 한다는 것이다. 당신이 읽고 있는 논문에서 이런 사실을 확인해 보아라. 'for example'이란 구문 뒤에 결과를 표시하는 방식을 이용하여 일반화시키는 방법으로 흔히 많이 사용된다: the SFS results are in very good agreement with their FE counterpart; for example, at midspan the values are almost identical. 독자를 설득해야 한다는 점을 부끄러워 할 필요가 없다. 단지 결과를 수치적으로만 해석하는데 매달리다보면 독자들이 당신의 결론을 보고 매우 당황해 할 것이다. 그 이유는 그 숫자들이 무엇을 의미하는지 설명하지 않았기 때문이다. 독자들이 당신과 의견일치를 보이지 않을 수도 있지만 독자들은 당신이 결과에 대해 어떻게 생각하는지를 알고 싶어 한다.

> **문장 11**인 'A quantitative analysis to determine modelling uncertainties was applied, based on the maximum deviation of the measured and calculated levels within the considered period.'에서 저자는 결과를 분석하는데 사용한 방법에 대해 언급한다.

❑ 왜 이 문장이 방법론에 포함되지 않은 걸까?

당신이 참고로 하는 논문의 〈결과〉절을 살펴보면 〈결과〉절에 포함되어 있는 방법론의 분량에 놀랄 것이다. 〈방법〉절에서는 통상 사용하는 물질이나 실험방법에 대한 가장 기본적인 정보들만 다룬다. 그리고 세부사항 대부분은 〈결과〉절에서 다루어진다. 이런 방식은 과학논문에서 이제는 매우 일반적인 경향이 되어 버렸다.

> **문장 12**인 'Using this approach, the average uncertainty of the model prediction for this slightly exceeds the 50% acceptability limit defined by Jiang[7].'에서 저자는 결과에서 발생한 문제점에 대해 언급하면서도 이 문제의 중요성을 최소화하기 위한 어법(slightly)을 사용한다.

❑ 결과에 생긴 문제점을 언급할 필요가 있을까? 그것 때문에 독자들이 나의 결과를 의심하게 만들지는 않을까?

〈방법〉절에서 논의하였듯이 그 반대가 사실이다. 결과에 생기는 문제점이 당신이 생각하기에 중요하지 않고 눈에 띄지 않는다는 확신이 없다면 그 문제점을 무시하지 마라. 결과가 완벽하지 못하거나 그 중 일부가 일치하지 않는다면 이에 대해 언급해야 하며 가능하면 그 중요성을 최소화하기 위해 노력하고 문제점이 생길 수 있는 가능한 이유들을 제시하거나 해결책을 제시하라. 문제점을 언급하지 않으면 당신이 그 분야에 있어서 충분하게 전문가적 인식이 없다는 인상을 주게 되며 이는 곧 당신의 전문가적 권위에 부정적인 효과를 준다.

반면에 문제점에 대한 논의를 논문에 포함시키면 정반대 효과를 만든다. 당신이 연구를 완벽하게 조절하고 있고 그 가치를 평가할 능력이 있다고 보는 것이다. 게다가 이것이 〈논의/결론〉절의 가장 핵심적인 요소가 된다. 즉 앞으로의 진행방향이나 제안서 역할을 한다.

〈방법〉절의 문제점과 마찬가지로 이런 문제가 해결될 때까지 논문출판을 미룬다면 영원이 출판을 할 수 없을 것이다. 그러므로 당신의 문제점이 논의할 가치가 있다고 판단되는 순간 가능한 한 빨리 이를 논문으로 만들어 나가라. 완벽해질 때까지 기다리지 마라. 〈결과〉절을 작성할 때 문제점이나 애로사항에 대해 언급하라. 〈논의/결론〉절의 마지막 부분인 앞으로의 계획에 이르러 처음으로 이런 문제점에 대해 언급하는 것은 적당하지 못하다.

❑ 결과절에서 문제점에 대해 어떻게 논의해야 할까?

'minimize the problem', 'suggests possible reasons for it' 또는 'offers a solution or a way forward'같은 구문을 사용하여라. 문장 12를 보면 저자는 문제점을 인정한 후 그 효과를 최소화하기 위해 노력했다 (slightly라는 단어를 사용). 3.4절의 어휘를 참조하면 불완전하거나 문제점을 소지한 결과를 표현할 때 사용될 어법들을 찾을 수 있을 것이다.

문장 13인 'Nevertheless, the results suggest that data obtained using TEM to simulate CO exposure may provide more sensitive information for assessing the impact of traffic management strategies than traditional on-site measurements.'에서 저자는 자신이 행한 업적의 응용성이나 영향력에 대한 참고자료를 제공한다.

❑ 논의절에 갈 때까지 기다려야 할까?

응용성이나 영향력을 시험하는 일은 〈논의〉절의 핵심사항이다. 하지만 대부분의 저자들은 결과가 의미하는바 즉 그 영향력에 대해 〈결과〉절의 끝부분에서 약간의 암시를 한다. 개별적 결과들에 대한 설명이나 논의를 마친 후 이 논문의 초점에 대한 논의를 개시하면서 논문의 중심부분을 지나 결론(conclusion) 쪽으로 옮겨간다. 이런 문장은 대개 'suggest'나 'indicate'같은 단어를 사용하여 구성되는 것이 일반적이다.

3.3.3 모델(The model)

앞 절에서 선보인 문장들을 요약하면 다음과 같다.

문장 1과 2	저자는 다른 연구자가 발견한 것이나 결론 등을 참고로 언급한다.
문장 3과 4	저자는 자신의 방법론으로 되돌아가 새로운 정보를 추가하였다.
문장 5	저자는 독자들이 그래프/그림/표 등을 주목하도록 유도한다.
문장 6	저자는 구체적 결과를 인용하여 다른 연구 그룹에서 얻어진 결과와 주관적이면서 평가적인 비교를 하였다.
문장 7	저자는 새 단락을 시작하기 위해 결과에 대한 일반적 설명을 하고 있다.
문장 8	저자는 특별한 결과를 제시하고 이를 'striking difference' 같은 구문을 이용하여 다른 연구의 결과와 비교하는 토론을 하고 있다.
문장 9와 10	저자는 논평하는 어법을 사용하여 보다 구체적으로 특정 결과를 상세하게 설명하고 있다.
문장 11	저자는 결과를 분석하는데 사용한 방법에 대해 언급한다.
문장 12	저자는 결과에서 발생한 문제점에 대해 언급하면서도

이 문제의 중요성을 최소화하기 위한 어법(slightly)을 사용한다.

문장 13 저자는 자신이 행한 업적의 응용성이나 영향력에 대한 참고자료를 제공한다.

이 문장들을 뼈대로 하여 다음과 같은 4가지 성분으로 분류한다. 〈방법〉절 모델처럼 당신의 연구토픽이나 논문 종류에 따라 각 항목들을 선택적으로 사용 가능하다.

1	연구 목적이나 현재의 연구사항을 재조명 방법론을 재조명하거나 확장 결과에 대한 개요(general overview)
2	결과를 조망할 수 있도록 유도 구체적/핵심 결과를 자세하게 (설명 유무 관계없이) 다른 사람의 연구결과와 비교하기 예측한 모델과 비교하기
3	결과론의 문제점
4	결과의 가능한 암시

3.3.4 모델 시험하기(Testing the model)

다음 단계는 이 모델이 실제 〈결과〉절이나 당신이 참고로 하고 있는 논문의 그에 해당하는 절(절의 이름은 'Analysis' 혹은 'Data Analysis'라 불리기도 함)에서 작용하는 방법에 대해 살펴보는 것이다. 몇 가지 연구논문에서 발췌한 〈결과〉절 전문을 실어 둔다. 이들을 세심하게 읽은 후 앞의 모델 성분에 해당된다고 여겨지는 부분에 표식을 달아보아라. 예컨대 첫 번째 문장이 모델의 성분 1에 해당된다고 생각되면 문장 끝부분에 숫자 1을 달아라.

Finite element modelling of sewer linings

4. NUMERICAL MODELLING

4.1. The finite element mesh

The cross-sectional geometries of the three egg-shaped linings are defined by the joining of two circles of differing diameters by slightly curved segments tangential to the circles. In the case of the St and Ch linings, the circles were osculating and with (275, 140mm) and (330, 110mm) radii, respectively; the Ce lining consisted of nonosculating circles of (250, 115mm) radii, their nearest points from one another separated by a distance of 105mm. Measurements were carried out on the cross-sections of the three lining types so as to determine the radii of curvature of the somewhat flat mid-section, a difficult task because of this flatness.

The thickness of the linings was found to vary along the cross-section; hence the mid-flat section tends to become slightly thicker than the rest of the cross-section. However, this is not accounted for in the model because it was observed that the thickness also varies along the length of the lining, and accurate measurements are not practically viable. So, a thickness of 6mm is adopted for the St lining, 8mm for the Ch, and a 10mm thickness for the Ce lining. These thickness values are doubled at the hoop joints so as to simulate the actual junctions.

Due to symmetry about the vertical axis (*i.e.* the *y*-axis) of both loading and geometry, only half of the cross-section is analysed (see Fig. 2). Moreover, because of symmetry about the x-y plane, only half of the total lining length is considered (see Fig. 3). The cross-section of the lining which is under study is situated at the x-y plane of symmetry, located at a distance equal to half the total length of the lining. The reason for restricting the calculation of the stresses and deflections to this cross-section, is that full experimental data was only obtained at this lining location [8].

The element used in the analysis is an eight-noded iso-parametric thin-shell element [6] with six degrees of freedom (*i.e.* three displacements and three rotations) at each node. Bending and membrane stresses are calculated at nodal points of individual elements and are then averaged for nodes which are common to more than one element.

Finally, the mesh adopted consists of 180elements subdivided into nine elements in the longitudinal direction and 20elements in the hoop direction (see Figs. 2 and 3). The subdivision of elements in the hoop direction consists of six elements at the invert of the lining, six elements at the mid-flat section, and eight elements at the top section of the lining (Fig. 2). The same mesh was used in the analysis of all three linings.

In addition to imposing the relevant displacement and rotation constraints along the two planes of symmetry that allow only one-quarter of the lining assembly to be analysed, and full fixity at the end of the pipe (*i.e.* all displacements and rotations are set to zero there), the boundary conditions corresponding to the five restraint set-ups were readily simulated by reference to the nodes situated at the joint section. Thus, whereas both displacements in the plane of the cross-section and the rotation about the longitudinal axis were suppressed at all mid-section nodes for BCI , no constraint for anyof the degrees of freedom at the joint was imposed in the case of BC5 (see Fig. 1). For the three intermediate restraint set-ups, displacements of those nodes in contact with the wooden segment(s) were suppressed. All analyses were carried out by reference to a value of (uniform) suction pressure equal to 1 kN m^{-2}, and subsequent results, therefore, should be viewed with this value in mind.

4.2. Stanton and Staveley lining

As mentioned earlier, a thickness value of 6mm was adopted in the analysis of the St pipe, this becoming equal to 12 mm for the elements located at the joint section. The mid-length of the pipe encompassed by the FE mesh was 1200 mm, as measured from the end of the lining assembly to the central cross-section monitored during testing and presently under study.

Figures 4 and 5 show a comparison between the experivalues of inner (hoop) strains and (transverse) deflections [8], and the ones stemming from the FE analysis for all five boundary cases.

(These and subsequent results are plotted against the vertical distance from the crown right up to the invert.) Here, the material properties used in the numerical model were selected from the lower range of values listed earlier, as this gave rise to a better correlation between the experiments and the FE analysis. These material properties for the lining were chosen as follows: E_h=11.5 kN mm^{-2}, E_l=5.5 kN mm^{-2}, v_h=0.29 and

v_l =0.14, where, in order to be consistent with Betti's condition, $v_l \cdot E_h = v_h \cdot E_l$, it was decided to adjust the value of Poisson's ratio by taking the lower range of v_l (v_l being considered, in general, a more reliable test value than v_h) at 0.14, and then working out vhat 0.29, a sensible approximation, as argued elsewhere [8].

It is noticed from the results of the analysis that the hoop strains and deflections resulting from the FE model follow similar patterns to the ones recorded from the vacuum rig tests. Moreover, it can be seen from Table 1 (which includes the maximum percentage error between the experimental results and the analytical predictions) that the FE model predicts reasonably well the critical values of deflection at the mid-flat section of the lining for the five test cases. This was also true for the critical values of inner strain (occurring at the invert of the lining) for test cases 3 and 5; however, the predicted values of critical bending strain were lower than their experimental counterparts for test cases 1, 2 and 4. This suggests that the FE model tends to predict reasonably well the behaviour of the lining in the absence of restraint set-ups, as can be shown from Table 1 (*i.e.* small percentage error in terms of critical strains and deflections for BC5). It will be shown later on that a more realistic simulation of the restraint set-ups can improve considerably the numerical predictions of the lining response.

4.3. Channeline lining

The half-length of the Ch pipe was 1170 mm and, again, its thickness (equal to 8 mm) was doubled for elements located at the joint section. Figures 6 and 7 show a comparison between the experimental results and the FE analysis using a lower range of values of isotropic material properties for reasons similar to those for the previous lining. These were chosen as follows: $E_h=E_l=6.9$ kN mm^{-2} and $v_h=v_l=0.33$.

Unlike the St pipeline, which was made up of one-piece linings, the Ch linings are two-piece segmental. As it is difficult to simulate realistically the behaviour of the longitudinal joint(s) in the case of segmental linings, the experimental results are still compared with the FE results using the mesh described earlier, even though such a mesh does not attempt to model the joint. From the outcome of this analysis, it can be shown that the response of the numerical model in terms of inner strains and deflections follows a similar pattern to that of the experimental results, as indicated in Figs. 6 and 7. At first sight, this would seem to imply that the longitudinal joint did in fact provide full shear and bending-moment continuity, so that the joint could be replaced by an equivalent continuous structure (*i.e.* stiffer than a hinge but well below fixity). This conclusion, however, need not follow since the shape of the bending-moment diagram is such that it changes sign in the vicinity of the longitudinal joint, so that, for this particular type of loading, the latter location is acted upon by relatively small bending action anyway. Therefore, on the basis of the bending strains, it is difficult to establish what the relative stiffness of the joint is, and it might seem reasonable to postulate a hinge (whether because of a flexible joint or simply due to the shape of the bending-moment diagram). On the other hand, it is shown from Table 1 that the numerical model predicts reasonably well the behaviour of the lining in terms of values of critical inner strains, but that it is not so good in terms of values of critical deflections. This fact would now suggest that the presence of the straight longitudinal joint might approach the effect of a hinge, thus allowing a larger rotation at the springings, with associated deflections at the flat mid-section of the lining, which are bigger than those obtained by the continuous-joint model in which the point of contraflexure does not occur exactly at the springing locations.

4.4. Celtite lining

The half-length of the pipe was 1200 mm and its thickness 10 mm (20 mm at the joint section).

Similarly to the previous cases, Figs. 8 and 9 show a comparison between the experimental observations and the FE-analysis results. Once again, a lower range of values of material properties is used; these properties are: E_h=13 kN mm^{-2}, E_l=10 kN mm^{-2}, v_h=0.10 and v_l=0.13. (It should be noted that, while v_h was not obtained experimentally, it has been derived from Betti's condition.)

It may be seen that the patterns of inner strains and deflections from the numerical analysis are similar to their experimental counterparts. Since the Ce linings were segmental, remarks as for the Ch linings may be made regarding the straight longitudinal joint; namely, that, although the bending-moment diagram has a point of infection in the vicinity of the segmental joint, the larger percentage errors exhibited by both Channeline and

Celtite linings, relative to the one-piece Stanton and Staveley lining, suggest that a line hinge may be more appropriate than the assumption of full continuity. Table 1 shows that good predictions in terms of the value of critical inner strain have resulted for boundary case 1 only, whereas in terms of critical deflection, such a conclusion applies for boundary cases 3 and 5, but not for the other three cases.

As for the previous two lining types, a stiffer response has resulted from the model. In addition to the presence of longitudinal joints, one must also point out that the deflection values recorded for the Ce lining during the experiments were small, and hence the error induced in the readings might have further affected their accuracy.

Observations of 2,4,6,-trichlorophenol degradation by ozone

3. Results and discussion

3.1. Rate constants for the degradation of 2,4,6-TCP

In previous studies degradation rate constants have been established by undertaking ozonation experiments (Graham *et al.*, 2003) in the presence of a reference compound (Xiong and Graham, 1992a). The theoretical basis for this is as follows. The reaction of ozone with a solute M may be described by the following reaction scheme:

$$M + nO_3 \rightarrow \text{Moxid} \qquad (1)$$

where n is the stoichiometric factor for the number of ozone molecules consumed per molecule of M degraded. The stoichiometric factor for many organic substrates has been reported to vary in the range of 1–5 (Hoigne and Bader, 1983b), and values of 1 (Davis et al., 1995) and 2 (Javier Benitez et al., 2000a) have been proposed for 2,4,6-TCP. In practice it is usually assumed that the ozone reaction is first order with respect to ozone and solute M concentration, thus the rate law can be formulated as

$$-d[M]/dt = kM[O_3]\ [M] \tag{2}$$

where kM is the rate constant for the degradation of solute M by O_3. Previous work by the authors (Chu and Wong, 2003) has confirmed that under conditions where the ozone concentration can be considered constant, the degradation of 2,4,6-TCP is first order with respect to its concentration. In this study, in order to determine the degradation rate constant kM, ozonation has been conducted with a mixture of a solute M1 (2,4,6-TCP) and a reference compound M2 having a known rate constant (kM2). According to Eq. (2), it can be shown that

$$-d[M1]/dt = kM_1\ [O_3]\ [M_1] \tag{3}$$

$$-d[M2]/dt = kM_2\ [O_3]\ [M_2] \tag{4}$$

Dividing Eq. (3) by (4), gives

$$\frac{d[M_1]}{d[M_2]} = \frac{kM_1[M_1]}{kM_2[M_2]} \tag{5}$$

Integration of Eq. (5) yields

$$\mathrm{Ln}\frac{[M_1]_0}{[M_1]_1} = \frac{kM_1}{kM_2}\mathrm{Ln}\frac{[M_2]_0}{[M_2]_t} \tag{6}$$

Thus, a graph of $\mathrm{Ln}\{[M_1]_0/[M_1]\}$ versus $\mathrm{Ln}\{[M_2]_0/[M_2]\}$ yields a line whose gradient gives (kM_1/kM_2). Since the rate constant

(kM_2) of M_2 is known, the value of kM_1 can be determined. In these tests, the reference compound that was chosen was the herbicide atrazine (2-chloro-4-ethylamino-6-isopropylamino-1,3,5-triazine) since rate constants for this had been determined previously under the same conditions (Xiong and Graham, 1992a). Figure 1 shows the results of the ozonation tests in terms of the comparative degradation of 2,4,6-TCP and atrazine.

The calculated values for the rate constants for 2,4,6-TCP are shown in Table 1.

3.2. Reaction mechanism and dechlorination of 2,4,6-TCP

The rate constants shown in Table 1 indicate that the reactivity of 2,4,6-TCP is much greater at neutral pH than at low pH; this can also be seen in Fig. 2. This is partly explained by the much lower reactivity of undissociated 2,4,6-TCP with molecular ozone than in its substantially dissociated state at pH 7.5, and partly by the effect of hydroxyl radical-reactions at the higher pH. The latter effect is predominant at high pH and a previous study has shown a linear increase in pseudo first-order reaction rates with pH in the range of $7 < pH < 11$ (Chu and Wong, 2003). The results shown in Fig. 2 indicate that in the early stages of the reaction there is a large overall O_3:TCP reaction stoichiometry, thus, at a reaction time of 2 min, the stoichiometry is 89 and 47 mol O_3/mol TCP at pH 2 and 7.5, respectively.

An indication of the reaction mechanism during the ozonation of TCP is given by the extent of dechlorination. Recent studies (Han et al., 1998; Chu and Wong, 2003) have suggested one specific mechanism whereby a hydroxyl group replaces one chlorine atom to form 2,6-dichloro-benzo-1,4-quinone (DCQ), as indicated in Fig. 3. From this it can be seen that the reaction leads to a reduction in solution pH through the formation of HCl. To investigate this, the ozonation of TCP at various initial pH levels was carried out without the use of a pH buffer and the results are summarized in Fig. 4. Evidence of significant proton generation was observed, and the rate of pH reduction increased with the initial pH of the solution. In the reaction scheme shown in Fig. 3, only one chlorine in the TCP is substituted by a hydroxyl group to produce DCQ, H^+ and Cl^-. However, it is likely that further dechlorination of the remaining two chlorine atoms is possible under favourable conditions, such as at high pH where substantial hydroxyl radical generation occurs. It can be seen from Fig. 4 that for the ozone reaction at the initial pH of 8.17 the change in the solution pH suggested a proton generation equivalent to approximately 1mM, which is stoichiometrically close to the total chlorine mass of the original TCP (0.88 mM). However, it should be noted that DCQ can be further degraded by cleavage of the aromatic ring leading to the formation of aliphatic products. These in turn may react with ozone to form organic acids, such as formic acid and acetic glycolic acids (Abe and Tanaka, 1997), thereby reducing the solution pH.

Direct measurements of chloride concentration were made during the buffered ozone tests and these are shown in Fig. 5. It can be seen that the degradation of TCP (each molecule having three chlorine atoms) generates significant chloride ions as one of the major products. The number of chloride ions released during the TCP degradation was found to range between 1.5 and 1.9 per degraded molecule of TCP, with the number in this range systematically increasing with the extent of TCP degraded. Since this is an average value for the reaction, it indicates that dechlorination is a major reaction mechanism and suggests that for a proportion of the TCP molecules there may be complete dechlorination.

Since it is speculated that at pH 7.5 a major part of the TCP reaction is via hydroxyl radical attack, it was thought that the generation of OH radicals may be limited in the presence of the carbonate buffer. To enhance the concentration of radicals the tests were repeated in the presence of hydrogen peroxide (H_2O_2/ HO_{-2} is a promoter of radical-type chain reactions) and the comparative results can be seen in Fig. 5. The concentration of hydrogen peroxide (15 mM) used in this case corresponded to a final H_2O_2:O_3 mass ratio of 0.8 g/g. It can be observed from Fig. 5 that there was only a very small enhancement (~5%) of TCP degradation when H_2O_2 was present during the ozonation. A similar effect was observed with a lower H_2O_2 concentration (7.5mM) indicating that H_2O_2 concentration was not a sensitive factor. In contrast, there was a much greater production of chloride, with the number of chloride ions released during the TCP degradation ranging between 1.7 and 2.7 per degraded molecule of TCP, with the number in this range systematically increasing with the extent of TCP degraded. This considerably higher productivity of chloride ions, without a proportional increase in TCP degradation, suggests that the O_3/H_2O_2

oxidising conditions are able to readily release chloride from intermediate compounds formed from the TCP degradation. It is assumed that the reaction with intermediate compounds is principally through OH・ radicals, but direct H_2O_2 oxidation may also occur.

3.3. Degradation of TCP with humic acid

Humic substances (*e.g.* humic acid) are typically present in significant quantities (2–20 mg/*l*) in natural, and wastewaters. They have been shown to have a complex behaviour in ozone reactions in that they can act as initiators, promoters and scavengers of hydroxyl radicals, as well as being a substrate for molecular ozone reactions. Previous studies (*e.g.* with atrazine; Xiong and Graham, 1992b) have shown that relatively low concentrations of humic substances can substantially enhance the degradation of organic substrates, while higher concentrations can greatly reduce the degradation. A similar approach was used in this study in which the rate of degradation of 2,4,6-TCP was determined in the presence of different concentrations of HA. The results are shown in Fig. 6(a) and the TCP degradation curves were found to fit a pseudo-first-order model ($R^2 = 0.997–0.999$); the pseudo-rateconstants are shown in Table 2.

It can be seen in Table 2 that the peak degradation rate occurred in the presence of approximately 17 mg/*l* (as TOC) of HA, corresponding to a HA:TCP mass ratio of 0.43. The maximum increase in degradation rate is approximately 25% (cf. in the absence of HA). At a HA concentration of 56.1 mg/*l*, and presumably higher concentrations, the degradation rate decreased relative to that in the absence of HA. In comparison, Xiong and Graham (1992b) found that the optimal degradation of atrazine occurred at a mass ratio of humic substances (as DOC)-to-atrazine of 1.8. However, since only part of the humic substances would be HA, the corresponding HA:atrazine ratio would be lower, and therefore closer to the values shown in Table 2. A further comparison can be made between the enhanced TCP degradation caused by the presence of HA with that caused by hydrogen peroxide. Fig. 6(b) compares the TCP degradation rates for the optimal HA concentration (16.8mg/l TOC) with 516 mg/*l* of H_2O_2 (≡ 15 mM; H_2O_2:O_3 final mass ratio of 0.8g/g). If it can be assumed that the enhanced degradation rates in both cases is the result of increased OH · radical production, then it appears that the HA was more effective than the hydrogen peroxide.

An examination of the relationship between flowering times and temperature at the national scale using long-term phenological records from the UK

Results

Mean dates and standard deviations of dates, together with extreme early and late dates for all species, are shown in Table 1. It is apparent, and was noted by Jeffree (1960), that there is a bias towards extreme lateness for early-season species, which is less obvious, or even reversed, in later species. This is demonstrated in Fig. 2, where the 11 species for which 58 years of data are available are presented as box plots. The vertical dashed line represents the standardised mean of 0 days and asterisks represent extreme years. It is apparent that the species at the bottom of the figure (the earliest species) have more extreme late years and those at the top (the late species) have more extreme early years.

A summary of the stepwise regression models is given in Table 2. All but 1 of the 25 models was highly significant ($P < 0.001$). In general, coefficients for months close to the mean flowering date were negative, indicating that warmer temperatures promoted earlier flowering. At the same time, autumn coefficients were generally smaller and positive, indicating that some vernalisation requirement was necessary but also that the autumn influence was smaller than that of spring. Whilst the high number of comparisons suggests that some model terms would be included by chance alone, only the model for the autumn crocus looks peculiar, with a strong, positive influence of the previous autumn. The result of summing all of the regression coefficients together (see Table 2) suggests a response to warming of 2–10days per ℃, the greatest response being shown by the "midseason" species. Only the autumn crocus produces a positive response, suggesting that the remaining species would all flower earlier, sometimes substantially so, under climate warming.

Figure 3 shows the response of all 25 events to the single monthly CET to which they are most closely correlated. Although most regression models included multiple terms, the temperature for a single month is used for simplicity because display against several months simultaneously is not straightforward. Also in Fig. 3, the response of the autumn crocus to the June CET is shown, confirming that a negative response to summer temperature does exist, albeit apparently overwhelmed by the effect of the previous autumn. Finally, in Fig. 3, horse-chestnut flowering times are shown in relation to the mean March–May CET. A comparison with the simpler relationship with the April CET confirms that relationships are tighter when the temperatures of many months are considered together.

당신이 참고로 하는 논문에 대해서도 동일한 작업을 해보아라. 모델에 대한 강한 신뢰감을 가지길 바란다. 그리고 이제 이 단원 시작할 때 했던 다음 3가지 질문에 대답할 수 있을 것이다.

- 〈결과〉절을 어떻게 시작할 것인가? 어떤 형식의 문장으로 시작해야 할까?
- 어떤 종류의 정보가 여기에 어떤 순서로 들어가야 할까?
- 이 절을 어떻게 끝맺음 할까?

3.4 어휘(Vocabulary)

당신 논문의 〈결과〉절을 작성하기 위해 당신이 필요한 정보를 완성하려면 모델의 각 부분에 필요한 어휘들을 찾아야한다. 이 절에서 사용된 어휘들은 600개가 넘는 서로 다른 연구분야에서 발췌한 것이며 모두 원어민에 의해 작성된 과학논문에서 발췌되었다. 자주 등장하는 단어/구들만으로 구성이 되었는데 이 의미는 이 리스트에 나오는 단어들은 저자와 편집자 모두에게 인정을 받았다는 뜻이다.

다음 절에서 아래와 같은 모델의 7가지 분야를 위한 어휘들을 볼 수 있을 것이다.

1. 연구목표나 현재연구를 다시 언급

독자들에게 앞에서 어떤 부분에 대해 언급했는지를 다시 한 번 환기시켜주는 방법이다. 'As mentioned earlier'같은 접속사 표현을 사용하여 시작한 후 최초에 사용했던 것(아마도 서론 부분에서 언급되었던 내용일 것임)과 동일한 단어나 구를 사용하여 독자들에게 메아리효과를 만들어 줄 수 있도록 한다.

2. 결과에 대한 일반적 개요

당신 결과에 대한 일반적 패턴이나 경향을 소개하여 독자들이 뭘 기대할 것인가 알게 한다. 'in most cases are'같은 표현이 일반적이다.

3. 결과를 전망하도록 만듦

항상 'Fig.1 shows...'라고 표현할 수는 없다. 그림이나 표는 사물을 보여주기만 하는 것이 아니라 때로는 사물을 표현하기도 하고 때로는 요약하기도 한다.

4. 구체적이고 핵심적인 결과는 상세하게

구체적인 결과를 설명하는 어법에는 결과를 객관적 어법(lower 같은 단어 사용)으로 평가하는 방법과 주관적이면서 수치적으로 평가하는 어법(significantly lower/slightly lower 같은 표현)이 있다.

5. 결과를 다른 연구그룹의 결과와 비교

당신의 연구결과를 다른 그룹의 연구결과와 비교할 때 사용하는 어법을 포함한다. 다른 연구그룹의 결과를 당신 연구결과를 확인하거나 지지하도록 하기 위해 사용하거나 당신 결과를 예측, 모델 그리고 시뮬레이션과 비교할 때 주로 사용한다.

6. 결과의 문제점

연구는 부적절한 결과들에 의해 정당성을 가질 필요는 없다는 사실을 염두에 두기 바란다. 결과는 전형적이고 전문가적인 방법으로 표현되어야 한다. 'minor deficit'나 'not within the scope of this study' 같은 관용구가 도움이 될 것이다.

7. 결과에 관한 가능성 있는 제안

결과절에서 당신 논문이 어떤 암시를 하는가를 제안하는 일은 당신 논문의 정점이면서 〈논의 및 결론〉절로 이동해가는 신호이다. 'This indicated/suggested/implied that'과 'It seems therefore that'같은 구문이 적합하다. 당신 제안의 위험성이나 책임감 등을 줄이기 위해서는 'weakeners'같은 질적 평가를 의미하는 어법을 추가하기도 한다.

3.4.1 어휘 작업

이 단원의 〈결과〉절과 당신이 참조로 하는 논문의 〈결과〉절을 자세하게 읽어보아라. 앞에서 주어진 7가지 영역에 사용될 수 있다고 판단이 되는 단어나 구문들 전부에 밑줄을 긋거나 형광펜으로 칠을 해보아라. 유용한 모든 어법은 다음 페이지에 나올 것이다. 이 어법들은 이 단원의 〈결과〉절과 당신이 참조로 하는 논문의 〈결과〉절에서 당신이 밑줄을 쳤던 모든 단어/구들의 모임이 된다. 각 리스트 박스 아래에는 이 단어/구들이 어떻게 사용되는지를 예를 들어 보여준다. 리스트를 자세히 본 후 사전에 나오지 않는 단어의 의미를 확인하여라. 이 리스트는 오랫동안 아주 유용할 것이다.

3.4.2 〈결과〉절에서 사용되는 어휘들

1. 연구목표나 현재연구를 다시 언급

as discussed previously, as mentioned earlier/before, as outlined in the introduction, as reported, in order to..., we examined...

it is important to reiterate that...
it is known from the literature that...
it was predicted that...
our aim/purpose/intention was to...
since/because..., we investigated...
the aforementioned theory/aim/prediction etc.
to investigated..., we needed to
we reasoned/predicted that...

We reasoned/predicted that...
In order to..., we examined...
To investigate..., we needed to...

다음은 이 단어들의 사용 예이다.

- **Since** the angular alignment is critical, the effect of an error in orientation was **investigated experimentally.**
- **We reasoned that** an interaction in one network between proteins that are far apart in the other network may be a technology-specific artifact.
- **In earlier studies** attempts were made to establish degradation rate constants by undertaking ozonation experiments.
- **The main purpose of this work** was to test algorithm performance.
- **As mentioned previously, the aim of** the tests was to construct a continuous crack propagation history.
- **In this work, we sought to** establish a methodology for the synthesis of a benzoxazine skeleton.
- **It was suggested in the Introduction** that the effective stress paths may be used to define local bounding surfaces.

2. 결과에 대한 일반적 개요

generally speaking, in general, in most/all cases, in the main, in this section, we compare/evaluate/present… it is apparent that in all/most/the majority of cases, it is evident from the results that… on the whole the overall response was… the results are divided into two parts as follows: using the method described above, we obtained…

다음은 이 단어들의 사용 예이다.

- **It is apparent that both** films exhibit typical mesoporous structures.
- **It is evident** that these results are in good agreement with their FE counterparts.
- **In general,** coefficients for months close to the mean flowering data were negative.
- Our confidence scores have an **overall** strong concordance with previous predictions
- **On the whole,** the strains and deflections recorded from the FE model follow similar patterns to those recorded from the vacuum rig tests.
- Levels of weight loss were similar **in all cases.**

3. 결과를 전망하도록 만듦

(data not shown) (Fig. 1) (see also Fig.1) (see Fig.1) (see Fig. 1-3) according to Fig.1 as can be seen from/in* Fig. 1 as detailed in Fig. 1 as evident from/in the figure as illustrated by Fig. 1 as indicated in Fig. 1 as listed in Fig. 1 as shown in Fig. 1 as we can see from /in Fig. 1 can be found in Fig. 1 can be identified from/in Fig. 1 can be observed in Fig. 1 can be seen from/in Fig. 1 compare Figs. 1 and 4 shows that... data in Fig. 1 suggest that... displayed in Fig. 1 evidence for this is in Fig. 1 from Fig. 1 it can be seen that... inspection of Fig. 1 indicates... is/are given in Fig. 1 is/are represented (etc.) in is/are visible in Fig. 1 in Fig. 1 we compare/present etc.... results are given in Fig. 1 we observed from Fig. 1 that...	Fig. 1: contains corresponds (to) demonstrates displays gives illustrates lists plots presents provides reports represents reveals shows summarizes

* 'from'은 그림이나 표에서 유추하거나 결론을 낼 수 있다(can be deduced/concluded from)는 의미이고, 'in'은 그 사실이 실제로 그림이나 표 내부에 들어가 있다(appears in)는 의미이다.

다음은 이 단어들의 사용 예이다.

- The stress data in Fig. 18 **indicate** a more reasonable relationship.
- Figure 3 **illustrates** the findings of the spatial time activity modelling.
- The overall volume changes are **reported** in Fig. 6(d).
- Similar results were found after loading GzmA into the cells **(data not shown)**.
- Typical cyclic voltammograms **can be seen in Fig. 1.**
- **Comparing Figs. 1 and 4** shows that volumetric strains developed after pore pressure had dissipated.
- The rate constants shown in Table 1 **demonstrate that** the reactivity is much greater at neutral pH.
- The results **are summarised** in Table 4.

4. 구체적이고 핵심적인 결과는 상세하게

당신의 참고문헌을 볼 때 결과를 객관적인 어법으로 설명하는 것이 주관적인 어법으로 설명하는 것보다 더 찾아보기 어렵다는 사실을 알게 될 것이다. 결과가 발생하였을 때 객관적 어법은 주관적인 부가사항(add-on)에 의해 수정이 이루어진다. 예컨대 'slightly lower'이나 'much lower'같은 표현이 그냥 'lower'이란 표현보다 훨씬 더 자주 발견된다. 앞에서도 언급하였듯이 이것은 결과를 객관적인 어법으로 표현하게 되면 독자들이 단지 그림을 응시할 때 알지 못했던 사실을 설명해 주지 못하기 때문이다.

객관적 어법(objective language)과 주관적 어법(subjective language)의 차이를 잘 이해하지 못한다면 다음 사실을 기억하면 된다. 하나의 레벨이나 량이 다른 레벨보다 더 높다(higher)면 이는 객관적 어법이고 그냥 레벨이나 량이 높다고 한다(high)면 이는 주관적 어법이다.

(i) 주관적 설명

accelerate(d)	is/are/was/were constant	match(ed)
all	is/are/was/were different	none
change(d)	is/are/was/were equal	occur(red)
decline(d)	is/are/was/were found	peak(ed)
decrease(d)	is/are/was/were higher	precede(d)
delay(ed)	is/are/was/were highest	produce(d)
drop(ped)	is/are/was/were identical	reduce(d)
exist(ed)	is/are/was/were lower	remain(ed) constant
expand(ed)	is/are/was/were present	remained the same
fall/fell	is/are/was/were seen	rise/rose
find/found	is/are/was/were unaffected	sole/ly
increase(d)	is/are/was/were unchanged	vary/varied
	is/are/was/were uniform	

퍼센트나 레벨, 위치 그리고 양 등의 수치적인 설명 즉 '2% 증가(2% increase)'도 물론 객관적 표현이다.

다음은 이 단어들의 사용 예이다.

- There was a **lower** proportion of large particles present at lower pH.
- As can be seen in Fig. 8, there were **different** horizontal and vertical directional pseudofunctions.
- As can be seen, in the second trial the level of switching among uninformed travellers **was unchanged**.
- This kind of delamination **did not occur** anywhere else.
- The CTOA **dropped** from its initial high value to a constant angle of 4°.
- It eventually **levelled off** at a terminal velocity of 300 m/s.

(ii) 주관적 설명

abundant(ly)	imperceptible(ibly)	remarkable(ably)
acceptable(ably)	important(ly)	resembling
adequate(ly)	in particular	satisfactory
almost	in principle	scarce(ly)
appreciable(ably)	inadequate	serious(ly)
appropriate(ly)	interesting(ly)	severe(ly)
brief(ly)	it appears that	sharp(ly)
clear(ly)	large(ly)	significant(ly)
comparable(ably)	likelihood	similar
considerable(ably)	low	simple(ply)
consistent(ly)	main(ly)	smooth(ly)
distinct(ly)	marked(ly)	somewhat
dominant(ly)	measurable(ably)	steep(ly)
dramatic(ally)	mild(ly)	striking(ly)
drastic(ally)	minimal(ly)	strong(ly)
equivalent	more or less	substantial(ly)
essential(ly)	most(ly)	sudden(ly)
excellent	negligible(ibly)	sufficient(ly)
excessive(ly)	noticeable(ably)	suitable(ably)
exceptional(ly)	obvious(ly)	surprising(ly)
extensive(ly)	only	tendency
extreme(ly)	overwhelming(ly)	the majority of
fair(ly)	poor(ly)	too+adjective
few	powerful(ly)	unexpected(ly)
general(ly)	quick(ly)	unusual(ly)
good	radical(ly)	valuable
high(ly)	rapid(ly)	very
immense(ly)		virtual(ly)

이 단어들과 3.2.2절과 3.2.3절에 나오는 빈도(frequency)수와 함량(quantity)을 나타내는 모든 표현들 다 포함된다.

다음은 이 단어들의 사용 예이다(빈도수와 함량을 나타내는 예도 포함).

- In **the majority of** cases, SEM analysis revealed a **considerably** higher percentage of fine material.
- As can be seen, the higher injection rate gave **satisfactory** results from all three methods.
- **Similar** behaviour was observed in all cases, with no **sudden** changes.
- It can be seen in Fig. 5 that the Kalman filter gives an **excellent** estimate of the heat released.
- The effect on the relative performance was **dramatic**.
- A **striking** illustration of this can be seen in Fig. 5.
- Comparing Figs. 4 and 5, it is obvious that a **significant** improvement was obtained in **the majority of** cases.
- It can be observed from Fig. 5 that the patterns are **essentially** the same in both cases.
- Figure 1 shows a **fairly** consistent material.
- It can be observed from Fig. 2 that there was **only** a **very small** enhancement when H_2O_2 was present.

5. 결과를 다른 연구그룹의 결과와 비교

다른 연구그룹의 결과를 참조하고자 할 때 참조논문의 인용위치나 인용번호가 정확한지 잘 확인하기 바란다. 당신 결과를 설명하는 부분에 인용논문 번호를 달아두는 실수를 할 경우에는 다른 연구자들이 당신 결과를 가져가 버리는 꼴이 될지도 모른다. 문장의 끝 부분이 반드시 인용논문의 가장 좋은 위치는 아니라는 사실을 명심하기 바란다.

as anticipated	is/are better than
as expected,	is/are in good agreement
as predicted by...	is/are identical (to)
as reported by...	is/are not dissimilar (to)
compare well with	is/are parallel (to)
concur	is/are similar (to)
confirm	is/are unlike
consistent with	match
contrary to	prove
corroborate	refute
correlate	reinforce
disprove	support
inconsistent with	validate
in line with	verify

다음과 같은 표현을 추가하면 당신이 표현하고자 하는 사실의 확실성(certainty) 수위를 조절할 수 있다.

It seems that

It appears that

It is likely that

이것에 대한 더 자세한 내용은 3.2.4절을 참조하기 바란다.

다음은 이 단어들의 사용 예이다.

- **It is evident that** the SFS results obtained here are **in** exceptionally **good agreement with** existing FE results.
- Distributions are **almost identical** in both cases.
- Our concordance scores **strongly confirm** previous predictions.
- We see that the numerical model tends to give predictions that **are parallel to** the experimental data from corresponding tests.

- These results demonstrate that improved **correlation** with the experimental results was achieved using the new mesh.
- This is **consistent** with results obtained in [1].
- The results are qualitatively **similar** to those of earlier simulation studies.
- These trends are **in line with** the previously discussed structure of the ferrihydrite aggregates.

6. 결과의 문제점

연구가 반드시 부적절한 결과를 통해 틀렸음이 입증될 필요 없이 결과는 단지 전형적인 방법이나 전문적인 방법으로 표현되기만 하면 된다는 사실을 명심하기 바란다. 다음에 나오는 어휘들이 이런 목적을 달성하는데 도움을 줄 것이다.

문제를 최소화하고/좋은 결과에 초점 맞추기	문제의 원인을 제안하기
(a) preliminary attempt	may/could/might have been
despite this,	or
however	was/were:
immaterial	beyond the scope of the study
incomplete	caused by
infinitesimal	difficult to (simulate)
insignificant	due to
less than ideal	hard to (control)
less than perfect	inevitable
(a) minor deficit/limitation	it should be noticed that...
negligible	not attempted
nevertheless	not examined
not always reliable	not explored in this study
not always accurate	not investigated

not ideal	not the focus of this paper
not identical	not within the scope of this study
not completely clear	possible source(s) of error
not perfect	unavoidable
not precise	unexpected
not significant	unfortunately
of no consequence	unpredictable
of no/little significance	unworkable
only	unavailable
resonable results were obtained	
room for improvement	**해결책 제안하기**
slightly (disappointing)	further work is planned
(a) slight mismatch/limitation	future work should...*
somewhat (problematic)	future work will...*
(a) technicality	in future, care should be taken
unimportant	in future, it is advised that...

* 'future work should'란 표현은 연구 공동체에게 방향성을 제의할 때 사용되는 표현인 반면 'future work will'이란 표현은 지금 표현하는 내용이 독자 여러분의 앞으로의 과제일 것이란 의미를 주는 것이다.

다음은 이 단어들의 사용 예이다.

- The correlation between the two methods was **somewhat** less in the case of a central concentrated point load.
- **It should, however, be noted that** in FE methods, the degree of mesh refinement may affect the results.
- **Nevertheless**, this effect is **only** local.
- Full experimental data was **only** obtained at one location.
- **Reasonable results were obtained** in the first case, and good results in the second.

- **It is difficult to** simulate the behaviour of the joints realistically.
- **Although** this was **not** obtained experimentally, it can be assumed to exist.
- **Future work should** therefore include numerical diffusion effects in the calculation of permeability.
- This type of control saturation is fairly common and therefore **of no significance**.

다음에 아주 흥미로운 표를 보인다. 약간 우습긴 하지만 당신이 알 수 있듯이 어느 정도 공감하는 가설이나 연구 공동체에서 사용되는 일종의 코드임을 의미한다.

WHEN YOU WRTITE THIS...	DO YOU MEAN THIS?
It has long been known that...	I can't remember the reference
This is of great theoretical and practical importance	This is interesting to me
It has not been possible to provide definite answers to these questions	The experiments did not work out
High purity/very high purity/ extremely high purity	Composition unknown
Three of the samples were chosen for detailed study	The results of the others did not make sense, so we ignored them
Typical results are shown	Only the best results are shown
Although some detail has been lost in reproduction, it appears to be clear from the original micrograph that...	It is impossible to tell much from the original micrograph

Agreement with the predicted curves was: perfect excellent good reasonably good satisfactory fair not perfect as good as can be expected	Agreement with the predicted curves was: good fair poor very poor awful really awful imaginary non-existent
These results will be reported at a later date	I might get round to this sometime if I don't change careers
It is suggested that... It is believed that... It seems that...	I think that...
It is clear that much additional work is required before a complete understanding can be reached	I don't understand it
Unfortunately, a quantitative theory to account for these effects has not yet been formulated	Neither does anyone else
Correct within an order of magnitude	Wrong
It is hoped that this work will stimulate further research	This paper isn't very good, but neither is anyone else's
It is obvious	... but impossible to prove

7. 결과에 관한 가능성 있는 제안

결론의 어떤(보통 마지막) 부분에서는 당신의 결과가 뭘 의미하는지에 대한 일반적인 설명이나 해석이 제공되어야 한다. 이는 논문의 가장 핵심적인 부분이 되기도 하며 〈논의/결론〉절로 넘어가는 신호가 된다.

동사의 시제에 유의하기 바란다. 현재 시제나 과거 시제를 사용할 수 있다. 현재 시제는 영구적인 진실이나 사실을 나타내는 시제이므로 만약 당신이 현재 시제를 사용한다면 이는 당신이 지금 사실을 의미하는 문장을 작성 중이란 뜻이다. 그러므로 현재 시제를 사용하면 당신 연구 결과가 아주 사실적 가치를 갖는다는 의미로 해석이 될 것이고(We found that *x* occurs, which indicate/suggests that *y* causs *z*), 만약 당신이 덜 확신한다면 과거 시제(We found that *x* occurred, which indicated/suggested that *y* caused *z*)를 사용하면 된다.

인과관계를 설명하는 어휘들 중 얼마나 많은 단어들이 여기에 속하는지 눈여겨 보아라(3.2.4절 참조).

apparently	It is logical that
could* be due to	it is thought/believed that
could* be explained by	it seems that
could* account for	it seems plausible (etc.) that
could* be attributed to	likely
could* be interpreted as	may/might
could* be seen as	means that
evidently	perhaps
imply/implies that	possibly/possibility
indicate/indicating that	potentially
in some circumstances	presumably
is owing to	probably
is/are associated with	provide compelling evidence
is/are likely	seem to
is/are linked to	suggest(ing) that
is/are related to	support the idea that
it appears that	tend to

it could* be concluded that...	tendency
could* be inferred that	unlikely
could* be speculated that	there is evidence for
could* be assumed that	we could* infer that
it is conceivable that	we have confidence that
It is evident that	would seem to suggest/indicate

* 'could'는 'may'나 'might' 혹은 때로는 'can'으로 대체될 수도 있다; 다음 단원에서 문법적 논의를 보면 알 수 있다.

다음은 이 단어들의 사용 예이다.

- **This suggests that** silicon is intrinsically involved in the precipitation mechanism.
- These curves **indicate that** the effective breadth is a minimum at the point of application of the load.
- Empirically, **it seems that** alignment is most sensitive to rotation in depth.
- Only the autumn crocus produced a positive response, **suggesting that** other species would flower earlier under climate warming.
- **It could be inferred** therefore that these **may have** reacted with ozone to form organic acids, such as formic acid.
- **This indicates that** no significant crystalline transformations occurred during sintering.
- **It is therefore speculated that** at pH 7.5 a major part of the reaction was via hydroxyl radical attack.
- **It is apparent that** this type of controller **may be** more sensitive to plant/model mismatch than was assumed in simulation studies.
- The results **seem to indicate that** this causes the behaviour to become extremely volatile.

당신 나라 말로 표현한다면 당신의 주장을 적절한 강도로 수위조절을 하여 나타내고 애로사항을 설명할 때에도 위험수위를 잘 조절해 표현 할 수 있는 단어나 구문을 직관적으로 찾아서 사용할 수 있을 것이다. 모국어의 이런 능력을 영어로 표현하는 결과절과 논의/결론절에서도 나타낼 수 있어야 한다.

'We found that sunbathing causes cancer'란 문장은 매우 강한 어조의 표현인데 이를 다양한 방법으로 완화하여 나타낼 수 있다. 다음을 보자:

We found that sunbathing **is related to the onset of** cancer.
We found that sunbathing **was related to** the onset of cancer.
We found that sunbathing **may have been related to** the onset of cancer.
We found **evidence to suggest that** sunbathing may have been related to the onset of cancer.
We found evidence to suggest that in **some cases/in many cases**, sunbathing may have been related to the onset of cancer.
We found evidence to suggest that in some cases, **excessive** sunbathing may have been related to the onset of **certain types of** cancer.
It is thought that excessive sunbathing may **sometimes be considered as contributing to** the onset of certain types of cancer.

3.5 〈결과〉절 작성하기

다음 작업을 할 때 당신은 이 단원에서 배운 모든 정보를 다 동원하게 될 것이다. 당신은 모델의 형식을 따라서 지금까지 배운 어휘와 문법을 이용하여 〈결과〉절을 작성하게 될 것이므로 3.3.3절의 모델과 3.4절의 어휘를 다 준비해 두었는지 확인해 보기 바란다.

이 단원 전반에 걸쳐 과학논문 쓰는 법이 배우기도 쉽고 만들기도 쉽고 또 당신 자신의 언어로부터 직접 번역을 하는 것보다도 더 손쉬운 방법이며 훨씬 창작적인 방법이란 사실을 알게 되었을 것이다. 〈결과〉절에 대한 표준모델작성법을 배웠으며 보편적으로 사용되는 어휘도 수집을 마쳤다. 당신이 만드는 문장도 이런 보편성을 띄어야 할 것이다. 당신의 참고논문에 나오는 문장을 이용하고 여기에서 제시하는 〈결과〉절을 참고하여 당신 자신만의 문장을 만들어보아라.

이번에는 모델을 철저하게 따라 해 보아라. 실습을 한두 번 해 본 후 당신의 요구에 맞게 수정을 할 수 있다. 하지만 당신이 작성한 〈결과〉절에 주어진 정보가 적절한 순서로 언급이 되었는지 혹은 독자들이 당신이 이 절에서 무엇을 할 것인지 예상하는 데로 작성이 되었는지를 확인할 때 모델의 원칙을 항시 적용해보아야 한다.

모델 답안이 실마리(Key)란에서 제공이 되겠지만 가능하다면 원어민에게 당신 자신이 만든 답안이 적절한 어휘를 사용하고 있는지를 확인해보기 바란다.

3.5.1 〈결과〉절 작성하기

당신이 방금 UFO 목격과 지진예측 사이의 가능성 있는 연계성에 대해 조사하는 연구 프로젝터를 마쳤다고 가정해보자. 이 연습의 목적은 당신이 마치 연구논문의 〈결과〉절을 작성하는 것처럼 간주하여 당신의 데이터와 발견한 내용들에 대해 평가하는 것이다.

〈서론〉부분에서 "various theories have been suggested for the increase in the number of UFO sightings immediately prior to an earthquake."이라고 설명하고 "it is possible that the increase in the number of sightings during the period immediately prior to an earthquake can be used to predict when an earthquake is likely to occur"라고 주장 했다고 하자.

〈방법론〉부분에서 이런 데이터들을 어떻게 수집하였으며 어떤 논점에 입각하여 평가하였는지에 대해 설명을 할 것이다. 그런 뒤 〈결과〉절에서 이에 대해 설명한 뒤 그 데이터를 평가하게 될 것이다.

다음에 나오는 표 3.1을 사용하여 이 논문의 〈결과〉절을 적어 보아라. 당신 논문의 제목은 "The earthquake lights theory: an analysis of earthquake-related UFO sightings"이다. 대략 300~400개 이내의 단어를 사용해야 한다. 어떤 부분에서 멈추어 그 다음에 어떻게 해야 할지를 모르는 경우에는 모델과 어휘를 참조하여 계속해 나가라. 논문작성을 끝마치기 전까지는 모델답안을 보지 마라.

** 표 3.2 진원지(epicenter) 근방 300 km 이내에서 UFO 목격담

국가	지진 발생 7일전 UFO 목격	지진 크기	주간 평균 UFO 목격	UFO에 대한 설명
러시아	55	3.2	11	녹색 불빛
인도	15	4.4	18	빨리 움직이는 디스크
호주	120	6.0	30	하얀 섬광
미국	275	5.6	75	빨리 움직이는 불빛무리
캐나다	42	2.6	6	청녹색 계란형 물체

3.5.2 실마리(Key)

모범 답안을 제시한다. 이 모델을 읽으면서 모델의 어느 부분이 각 문장에 적용되었는지 생각해보라.

Results

Based on the assumption that the timing of UFO sightings may be of significance,[2] the aim of this study was to investigate a possible link between the number of UFO sightings close to the epicentre during the period immediately prior to an earthquake, and the earthquakes that follow.

The process of evaluating UFO sightings is complex and time-consuming. Checks with police, air traffic control operators and meteorologists were performed. Where possible, witnesses were interviewed and videos of the area was examined in order to eliminate as many conventional explanations as possible, such as satellites, meteors, space debris and even bird flocks.[2,4,11] All the cases were documented using the procedure followed by Vader[4] and results are displayed in Table 1. The Richter scale11 was used to measure magnitude.

It is evident from the results that overall, there was a marked increase in sightings during the seven days prior to the earthquake. These results are in line with those of Kenobi et al. (2004), who noted a mean fourfold increase worldwide.9In Russia and the USA, for example, the number of sightings increased approximately fourfold during the week preceding the earthquake, and in Canada the increase was even more dramatic. Although the number of sightings is low in Canada, this may have been due to a low national interest in UFOs; in addition, the earthquake took place in a sparsely-populated area of the country. It is significant that almost all the participants in each country gave exactly the same description of 'their' UFO, and that these descriptions were noticeably different from those obtained in other countries.

It appears from this evidence that the period immediately prior to earthquake activity was associated with an increase in the number of UFO sightings. However, this work represents only a preliminary attempt to establish such a link. The actual relationship between the two may be more complex; for example, it is possible that because a Star Wars film was released in the USA during the period under study, the number of sightings was higher that week without any real change in UFO activity. These results nevertheless suggest that monitoring UFO activity may provide useful input for earthquake prediction strategies.

단원 4

논의/결론(Discussion/Conclusion) 작성법

4.1 구조(structure)

이 단원의 제목 또한 저널에 따라 약간씩 차이가 난다. 단원 3에서 언급했듯이 어떤 논문은 "논의(Discussion)"라는 부제목을 사용하기도 하고 또 어떤 논문은 "결과 및 논의(Results and Discussion)"로 또 다른 논문의 경우에는 "결론(Conclusions)"으로 끝을 맺는 경우도 있다. 앞의 두 경우에는 논의 부분에 포함되는 요소들이 비슷하다. 결론 부분이 별도로 있는 경우에는 아주 간결하게 한 두 문장으로 끝을 맺는데 그 내용은 주로 논의 부분의 특별한 관점에 그 초점을 맞추게 된다.

각 단원의 첫 부분에서 보여주었던 논문의 짜임새는 대칭적인데 그 이유는 서론에서 주장했던 대부분의 요소들이 〈논의/결론〉절에도 역순으로 다시 나오기 때문이다. 〈서론〉절은 일반적이고 광범위한 초점으로부터 논문의 보고서 부분으로 집약되지만 〈논의/결론〉절은 이런 집약된 부분으로부터 확장하여 나아가서 훨씬 더 일반적인 초점으로 넓혀나간다. 이런 〈논의〉절은 논문의 중심부분 정보를 바탕으로 하여 〈서론〉에서 밝혔던 부분들을 되돌아보게 된다.

서론에서 설명했던 4가지 기본 성분을 다시 살펴보자.

번호	포함되는 내용들
1	당신 연구분야의 중요성 수립 배경이 되는 사실/정보를 제공 제목과 핵심어에 나오는 용어들을 정의 문제 영역/현재의 연구초점을 제시
2	이전 그리고/혹은 현재의 연구내용과 공헌도
3	각 연구의 차이점(못다 이룬 문제) 해결책을 찾고자 하는 문제점 설명 해결방법을 예측하여 제시
4	현 논문에 대해 설명

〈서론〉을 시작하였을 때 기초정보에 관한 지식을 제공해줌으로써 당신 논문의 주제가 중요하다는 인식을 독자들이 알 수 있게 이끌었을 것이다. 동일한 형태이지만 역순으로 논의를 해주면 독자들이 당신의 논문의 끝 부분을 매듭지을 수 있게 만들 것이다.

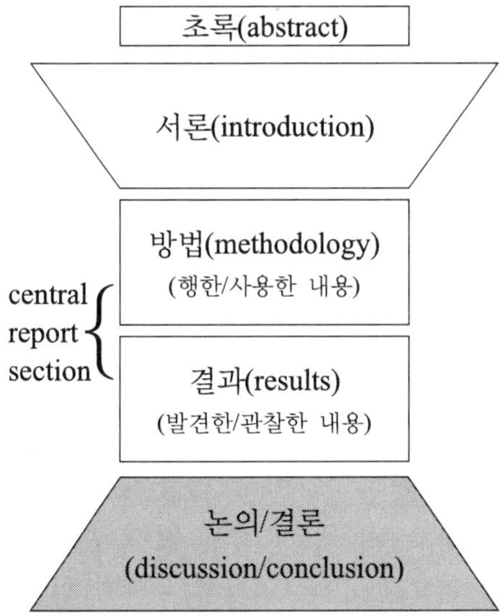

** 그림 4.1 연구논문이나 학위논문의 짜임새

〈서론〉에서 당신은 다른 연구자들의 업적에 대해 언급함으로써 독자들로 하여금 일종의 연구지도를 만들어서 이 연구분야에서는 어떤 형식의 연구가 이루어지는지를 알 수 있게 해 주었고 이제 〈논의/결론〉에서 당신의 연구결과가 이런 연구지도의 어느 위치에 놓여있는지를 독자들에게 알려주게 된다. 이제 〈서론〉부분에서 설명했던 내용과의 차이점에 대해 설명하면서 현재 이 논문의 연구결과가 갖는 문제점에 대해 설명할 것이다. 그런 후 그 차이점을 어떻게 좁힐 수 있는지와 문제점을 어떻게 해결할 것인가에 대해 의견을 제시하게 될 것이다. 〈서론〉의 마지막 부분에서 이 논문에서 할 일에 대해 언급하였는데 이는 기존의 연구와 당신의 연구의 차별성을 부각시켜서 독자들로 하여금 당신 논문의 중심부분으로 이동 할 수 있도록 만들었다. 〈논의/결론〉절에서는 당신 연구에 관해 다시 언급하는 것으로부터 시작하는 것이 일반적이다. 그리하여 결론으로부터 역순으로 논문의 중심 부분으로 이동할 수 있게 만들어준다.

그러므로 다음과 같이 3가지 질문을 하게 된다.

- 〈논의/결론〉절을 어떻게 시작할 것인가? 어떤 형식의 문장으로 시작해야 할까?
- 어떤 종류의 정보가 여기에 어떤 순서로 들어가야 할까?
- 이 절을 어떻게 끝맺음 할까?

〈논의/결론〉절을 어떻게 작성해야 할지를 모른다고 할지라도 어떤 내용을 어떤 순서로 포함시켜야 할지에 대해서는 알고 있다.

다음에 나오는 〈논의/결론〉절을 읽어 보라. 이 논문의 제목은 "Cognitive-behavioral stress management(CBSM) skills and quality of life in stress-related disorders"이다. 논문의 주제와 친숙하지 못하다거나 'cognitive-behavioral'같은 일부 단어의 뜻을 모른다고 할지라도 걱정할 필요는 없다. 여기서는 단지 일반적인 이해를 할 수 있고 사용되는 어법들에 친숙해지기만 하면 된다.

Cognitive-behavioural stress management (CBSM) skills and quality of life in stress-related disorders.

Discussion

1 Prior work has documented the effectiveness of psychosocial intervention in improving quality of life (QoL) and reducing stress in patients suffering from various disorders; Epstein,[18] for example, reports that orthopedic patients participating in a two-week multimedia intervention programme improved across several QoL indices, including interpersonal conflict and mental health. 2 However, these studies have either been short-term studies or have not focused on patients whose disorder was stress-related. 3 In this study we tested the extent to which an extended three-month stress management programme improved QoL among a group of patients being treated for stress-related skin disorders such as eczema.

4 We found that in virtually all cases, participation in our three-month stress management programme was associated with substantial increases in the skills needed to improve QoL. 5 These findings extend those of Kaliom, confirming that a longer, more intensive period of stress- management training tends to produce more effective skills than when those skills are input over a shorter period via information transfer media such as leaflets and presentations (Kaliom et al., 2003). 6 In addition, the improvements noted in our study were unrelated to age, gender or ethnic background. 7 This study therefore indicates that the benefits gained from stress-management intervention may address QoL needs across a wide range of patients. 8 Most notably, this is the first study to our knowledge to investigate the effectiveness of extended psychosocial intervention in patients whose disorder is itself thought to be stress-related. 9 Our results provide compelling evidence for long-term involvement with such patients and suggest that this

approach appears to be effective in counteracting stress thatmay exacerbate the disorder. **10** However, some limitations are worth noting. **11** Although our hypotheses were supported statistically, the sample was not reassessed once the programme was over. **12** Future work should therefore include follow-up work designed to evaluate whether the skills are retained in the long term and also whether they continue to be used to improve QoL.

4.2 문법 및 작성 기법

이 절에서는 〈논의〉에서 중요한 복잡한 용법인 조동사(modal verbs)에 대해 다룰 것이다.

과학논문에서 자주 사용되는 조동사는 'may, might, could, can, should, ought to, need to, have to, must' 등이다. 일반적으로 허락의 의미(예: Can I borrow your pen?)를 갖는 'may, can'의 용법에 대해서는 여기서 다루지 않는다.

조동사는 문장의 진리치(truth value)를 수정하고자 할 때 종종 사용된다.

The drop in pressure **was** due to a crack in the pipe.

위 문장에는 조동사가 없다. 이는 단지 독자들에게 압력이 하락하는 것의 이유가 무엇인지를 전달하는 것이며 당신이 이에 대한 실험적 근거를 가지고 있다는 의미이다. 그러나 다음과 같이 표현하면

The drop in pressure **may have been** due to a crack in the pipe.

이는 압력저하에의 관한 한 가지의 가능성을 제시하는 것이 되며 압력저하의 원인이 균열일 수도 있지만 아닐 수도 있다는 뜻이 된다.

다음과 같이 표현하면

> The drop in pressure **must have been** due to a crack in the pipe.

이는 압력저하의 원인은 균열이기는 하지만 그 사실을 증명할 자료는 갖고 있지 못하다는 뜻이다. 어떤 일이 진실이라는 것과 그 일이 진실이라는 것을 안다는 것은 전혀 다른 사실이다. 예컨대 시계를 차고 있기는 하지만 보지 않고 '분명히 10시 정각일 것이다' 또는 '10시 정각임에 틀림이 없다'라고 한다면 이는 단지 10시 정각이라는 의미이다. 시계를 차지 않고 '분명히 10시 정각일 것이다'라고 하는 것은 확신도 없지만 실험적 증거도 없다는 의미이다. 조동사 'must'를 사용하면 표현이 강력해지는 하지만 증거가 없다는 의미로 받아들여지기도 한다.

조동사는 〈논의/결론〉에서 매우 유용하다. 이 절에서 당신은 결과의 암시성(implication), 해석(interpretation) 그리고 이유(reason)에 대해 설명을 할 것인데 이 때 가능성 있는(possible) 이유, 분명한(obvious) 해석, 그리고 적절한(probable) 암시를 제공해주게 된다. 다음에 전형적인 〈논의/결론〉에 대해 보여준다.

> The kinetics **can** be described by these equations, suggesting that the electrons are transferred directly. This **might** involve a supercharge mechanism, but the data **could** also be described by electron transfer via a hopping mechanism.

조동사에 대해 생각해보는 간단한 예제를 다음에 보여준다. A란의 조동사가 B란의 의미로 사용됨을 연계해서 알아두어라. 대부분의 조동사는 하나 이상의 의미로 사용된다.

A	B
	ABLE/CAPABLE He...go home by himself. *(He is able to go home by himself.)* ______
1. SHOULD 2. MUST	POSSIBLE/OPTIONAL He...go home. *(It is possible that he will go hoe.)* ______
3. CAN 4. OUGHT TO	PROBABLE/LIKELY He...be at home *(It is possible that he is at home.)* ______
5. MAY 6. COULD	VIRTUALLY CERTAIN He...be at home. *(It is virtually certain that he is at home.)* ______
7. NEED TO 8. MIGHT	ADVISABLE He...go home. *(I advise him to go home.)* ______
9. HAVE TO	NECESSARY He...go home. *(It is necessary for him to go home.)* ______

이제 당신의 답안을 다음에 보이는 실마리로 확인해 보기 바란다.

CAN	ABLE/CAPABLE *(He can go home by himself.)*
MAY MIGHT COULD CAN	POSSIBLE/OPTIONAL *(He may/might/could/can be at home.)*
SHOULD OUGHT TO	PROBABLE/LIKELY *(He should/ought to be at home.)*
MUST HAVE TO	VIRTUALLY CERTAIN *(He must/has to be at home.)*
SHOULD OUGHT TO	ADVISABLE *(He should/ought to go home.)*
MUST NEED TO HAVE TO	NECESSARY *(He must/needs to/has to go home.)*

이런 조동사들을 사용하는데 어려움이 있는 이유는 두 가지이다. 당신도 보듯이 첫 번째는 일부 조동사는 하나 이상의 의미를 가진다는 것이다. 그러므로 'should'같은 조동사를 사용할 때에는 그 의미가 어떤 일이 발생할 것 같다(likely to happen)는 뜻인지 또는 어떤 일이 발생한다(advisable for it to happen)는 의미인지를 구분해야 한다.

두 번째는 조동사는 전형적인 문법을 따르지 않는다는 것이다. 일부는 사라지고 나머지는 부정 문장의 의미가 바뀌거나 다른 시제로 변하게 된다. 예컨대 'He must go home'은 'He has to go home'과 같은 의미이지만 'He must not go home'의 의미는 'He does not have to go home'의 의미가 아니라 'He is not allowed to go home'이란 의미로 바뀌게 된다.

다음 표에 과거 시제와 부정문에서 조동사가 어떤 역할을 하는지 예문을 통해 보여준다. 이 표가 모든 조동사의 모든 경우의 수를 다 포함하지는 못한다. 예컨대 'may'란 조동사는 허락을 구하는 경우에도 사용이 되지만 과학논문 작성 시에는 이 조동사를 다른 의미로 사용할 것이다. 이 책의 목적이 당신이 정확하고 인정받을만한 논문을 작성하게 도와주고자 하는 것이므로 이 절의 정보 또한 그 목적에만 충실하고자 하는 것이다.

1. ABLILITY/CAPABILITY

현재 단순	**CAN**	This software **can** distinguish between different viruses.
현재 단순 부정	**CANNOT**	Until 18 months a child **cannot** use symbols to represent objects.
과거 단순	**COULD** **COULD HAVE**	It was found that the gun **could** shoot accurately even at 300 meters. If we had extended the time period we **could have** produced more crystals.
과거 단순 부정	**COULD NOT** **COULD NOT HAVE**	In 1990, 80% of households **could not** receive digital television. The subjects reported that they **could not have** fallen asleep without medication.

참조:

- 조동사 '**can**'은 ABILITY/CAPABILITY를 나타내는 경우에는 이 두 가지 시제만 사용한다. 다른 시제를 필요로 하는 경우에는 '**be capable of**'나 '**be able to**'등을 사용해야 한다. 즉 'It is believed that this software **will** eventually **be capable of** distinguishing between different viruses'.

- '**could**'는 보통 과거에 어떤 일을 할 수 있었던 것을 나타낸다. 그러나 '**was able to**'는 특정 과거의 상황이나 경우들과의 상관관계를 나타낼 때 주로 사용한다. 즉 'The result suggests that in this case, the viruses **were able to** multiply freely.' 만약 '**can**'과 '**be able to**'중 어느 것을 사용해야 할지 모를 경우에는 'be able to'를 사용하라. 그것이 더 안전하다.

2. POSSIBILITY/OPTIONS

현재 단순	**MAY** **MIGHT** **COULD** **CAN**	A rubber seal **may/might/could/can** be useful at this location.
현재 단순 부정	**MAY NOT** **MIGHT NOT** (그러나 **COULD NOT** 이나 **CANNOT**은 아님)	A rubber seal **may not/might not** be useful at this location.
과거 단순	**MAY HAVE** **MIGHT HAVE** **COULD HAVE** (그러나 **CAN HAVE**는 아님)	The fall in pressure **may have been/ might have been/could have been** caused by leakage.
과거 단순 부정	**MAY HAVE NOT** **MIGHT NOT HAVE** (그러나 **COULD NOT HAVE** 나 **CANNOT HAVE**는 아님)	The fall in pressure **may not have been/might not have been** caused by leakage.

참조:

- '**well**'란 단어가 가능성에 대한 강한 믿음을 주기위해 가끔 추가되기도 한다: This **may well** be well be leakage.
- 'might'는 'may'보다 약간 강도가 약하다.

- 흥미롭게도 '**can not**'과 '**cannot**'는 완전히 다른 의미이다. '**can not**'은 '**may not**'이나 '**might not**'와 마찬가지로 아닐 가능성을 의미하지만 다음과 같은 문장 이외에서는 거의 사용하지 않는다, 즉 'this **can not** only damage the sample, it **may** even destroy it completely'. 하지만 '**cannot**'은 무엇이 완전히 다름을 의미한다, 즉 'it doesn't mean possibly not, it means impossible. 아닐 가능성을 의미하는 것이 아니라 불가능함을 나타낸다. '**could not**', '**cannot**', '**could not have**', 그리고 '**cannot have**'는 모두 여기에 속한다. 문장의 예를 들어보자.

We realise that this **cannot** be due to a change in pressure.
We realised that this **could not** be due to a change in pressure.
We realise that this **cannot have been** due to a change in pressure.
We realised that this **could not have been** due to a change in pressure.

위 문장은 아닐 가능성을 말하는 것이 아니라 불가능함을 말하고 있다.

3. PROBABILITY/BELIEF/EXPECTATION

현재 단순	**SHOULD** **OUGHT TO**	The material **should** remain stable if it is kept below 300℃.
현재 단순 부정	**SHOULD NOT** **OUGHT NOT TO**	The material **should not** decompose unless heated above 300℃.
과거 단순	**SHOULD HAVE** **OUGHT TO HAVE**	By the time the cobalt is added, the crystal **should have** dissolved.

과거 단순 부정	**SHOULD NOT HAVE OUGHT NOT TO HAVE**	This was unexpected; the material **should not have** decomposed at this temperature.

참조: '**ought to**'가 '**should**'와 같은 의미이긴 하지만 과학논문에서는 '**should**'를 더 많이 사용한다. 그러므로 'ought to'에 대한 예를 들지는 않았다.

4. VIRTUAL CERTAINTY

현재 단순	**MUST** **HAVE TO**	Our results indicate that contamination **must** be due to the presence of sea water in the pipe.
현재 단순 부정	**CANNOT**	It is clear that contamination **cannot/ could not** be due to the presence of sea water in the pipe.
과거 단순	**MUST HAVE**	Our results indicate that contamination **must have been** due to the presence of sea water in the pipe.
과거 단순 부정	**CANNOT HAVE** **COULD NOT** **COULD NOT HAVE**	It was clear that contamination **could not be/cannot have been/could not have been** due to the presence of sea water in the pipe.

참조:

- 'virtual certainty' 동사는 다른 설명이 불가능한 사실에 대해 언급하는 동사이다.
- '**have to**'는 과학논문에서 그리 잘 사용하지 않는 편이므로 예를 보이지는 않는다.
- '**must not**'은 not allowed/permitted를 의미한다. 'not possible'을 의미하는 것은 아니다.

카테고리 2,3, 그리고 4를 분리하기 위해 다음과 같은 경우를 생각해보자. Windblast 교수는 그의 실험실에서 집까지 도보로 보통 20분 정도면 도착한다. 그가 아직 집에 도착하지 않았는가? 글쎄 당신의 그의 집에 전화를 걸어서 그와 통화하기 전까지는 알 수가 없다. 그러나

- 만약 그가 실험실을 18분 전에 떠났다면 그는 아마(**may/might/could**) 지금 집에 있을 것이다(가능성).
- 만약 그가 실험실을 30분 전에 떠났다면 그는 틀림없이(**should/ought to**) 지금 집에 있을 것이다(가능성).
- 만약 그가 실험실을 50분 전에 떠났다면 그는 반드시(**must**) 지금 집에 있을 것이다(거의 확정적).
- 만약 그가 실험실을 5분 전에 떠났다면 그는 거의(**cannot**) 지금 집에 없을 것이다(매우 부정적).

5. ADVICE/OPINION

현재 단순	**SHOULD** **OUGHT TO**	The apparatus **should** be disconnected from the mains during repairs.
현재 단순 부정	**SHOULD NOT** **OUGHT NOT TO**	This material **should not** be exposed to sunlight.
과거 단순	**SHOULD HAVE** **OUGHT TO HAVE**	The apparatus **should have been** disconnected from the mains during repairs.
과거 단순 부정	**SHOULD NOT HAVE** **OUGHT NOT TO HAVE**	This material **should not have been** exposed to sunlight.

참조:

- '**ought to**'가 '**should**'와 같은 의미이긴 하지만 과학논문에서는 '**should**'를 더 많이 사용한다. 그러므로 'ought to'에 대한 예를 들지는 않았다.
- '**should have/ought to have**'는 일어나지 않은 일에 대해 설명하는 것이고 '**should not have/ought not to have**'는 이미 일어난 일에 대해 언급하는 것이다.

6. NECESSITY/OBLIGATION

현재 단순	**MUST** **NEED TO** **HAVE TO**	The apparatus **must/needs to/has to** be disconnected from the mains during repairs.
현재 단순 부정	**NEED NOT** **DO NOT NEED TO** **DO NOT HAVE TO**	The apparatus **need not/does not need to/does not have to be** disconnected from the mains during repairs.
과거 단순	**NEEDED TO** **HAD TO**	We **needed to/had to** heat the valves before use.
과거 단순 부정	**DID NOT NEED TO** **DID NOT HAVE TO** **NEED NOT HAVE**	We **did not need to/did not had to** heat the valves before use. We need not have heated the valves before use.

참조: '**must not**'은 허락되지 않았다(not allowed)는 의미이지 필요없다(not necessary)는 의미는 아니다.

MODAL SENTENCE 연습

다음 문장을 'could, must, may, should, might, ought to, need to, can, have to'를 이용하여 완성하라. 적절한 시제를 사용해야 하고 필요하다면 부정문도 사용하라.

1. Perhaps the damage was caused by heat exposure.
   The damage ________________________________
2. We felt sure that the damage was caused by heat exposure.
   The damage ________________________________
3. No way was the damage caused by heat exposure.
   The damage ________________________________
4. We don't expect heat exposure to cause any damage.
   Heat exposure ________________________________
5. It's possible that the damage wasn't caused by heat exposure.
   The damage ________________________________
6. I advise you to heat it.
   It ________________________________
7. I don't think it was a good idea to expose it to heat.
   It ________________________________

실마리(KEY)

1. The damage may have been/might have been/could have been caused by heat exposure.

2. The damage must have been caused by heat exposure.

3. The damage cannot have been/could not have been caused by heat exposure.

4. Heat exposure should not cause any damage.

5. The damage may not have been/might not have been caused by heat exposure.

6. It should be heated.

7. It should not have been exposed to heat.

4.3 글쓰기 작업: 모델 만들기(Writing task: Building a model)

4.3.1 모델 만들기

이 단원의 모델을 만들기 위한 준비가 되었다. 표 4.1에 보이는 예를 보고 오른쪽 빈칸에 각 문장에서 저자가 하고자 하는 바를 간단하게 적어보아라. 각 문장의 실마리(Key)는 다음 절에 나와 있다. 일단 당신 스스로 모델을 만들었다면 실마리(Key)를 이용하여 실제로 당신이 논문을 작성할 때 그 논문의 한 절을 만드는데 도움이 될 것이다.

❑ 가이드라인

이 작업을 하는데 30~40분의 시간을 투자하여라. 첫 문장을 멋지게 적기가 어렵다면 표 4.1의 문장 3번 같이 쉬운 것에서부터 출발하여라. 당신 모델이 다른 〈논의/결론〉으로 전환이 가능할 때 그 모델이 유용하다는 사실을 명심하여라. 즉 'stress'같은 전문단어는 모델에 포함시키면 당신 연구분야에서 일반적으로 사용될 〈논의/결론〉을 만드는 모델로 사용할 수가 없다. 저자가 그 문장에서 무슨 일을 하는지를 알아낼 수 있는 다른 방법은 문법과 어휘에서 그 단서를 찾는 것이다. 주동사(main verb)의 시제가 어떻게 되는가? 주로 어떤 시제를 많이 사용하는가? 앞의 문장과 동일한 시제를 사용했는가? 그렇지 않다면 왜 저자가 시제를 바꾸었을까? 어떤 단어를 저자는 선택을 했는가?

완벽한 모델을 만들 것이라고 기대하지는 마라. 실마리 절을 보면서 당신의 모델을 수정한 후 다시 참고로 하는 논문에서 서론부분과 비교할 때 또 수정을 하게 될 것이다.

**** 표 4.1 <결론>절 모델 만들기 연습 예**

<table>
<tr><td>Cognitive-behavioral stress management(CBSM) skills and quality of life in stress-related disorders

Discussion</td><td>In this sentence,
the writer:</td></tr>
<tr><td>1 Prior work has documented the effectiveness of psychosocial intervention in improving quality of life (QoL) and reducing stress in patients suffering from various disorders; Epstein,[18] for example, reports that orthopedic patients participating in a two-week multimedia intervention programme improved across several QoL indices, including interpersonal conflict and mental health. 2 However, these studies have either been short-term studies or have not focused on patients whose disorder was stress-related. 3 In this study we tested the extent to which an extended three-month stress management programme improved QoL among a group of patients being treated for stress-related skin disorders such as eczema.</td><td>1 ____________________

2 ____________________

3 ____________________</td></tr>
</table>

4 We found that in virtually all cases, participation in our three-month stress management programme was associated with substantial increases in the skills needed to improve QoL.	4 ________________
5 These findings extend those of Kaliom, confirming that a longer, more intensive period of stress-management training tends to produce more effective skills than when those skills are input over a shorter period via information transfer media such as leaflets and presentations (Kaliom et al., 2003).	5 ________________
6 In addition, the improvements noted in our study were unrelated to age, gender or ethnic background.	6 ________________
7 This study therefore indicates that the benefits gained from stress-management intervention may address QoL needs across a wide range of patients.	7 ________________
8 Most notably, this is the first study to our knowledge to investigate the effectiveness of extended psychosocial intervention in patients whose disorder is itself thought to be stress-related.	8 ________________
9 Our results provide compelling evidence for long-term involvement with such patients and suggest that this approach appears to be effective in counteracting stress that may exacerbate the disorder.	9 ________________
10 However, some limitations are worth	10 ________________

noting. **11** Although our hypotheses were supported statistically, the sample was not reassessed once the programme was over. **12** Future work should therefore include follow-up work designed to evaluate whether the skills are retained in the long term and also whether they continue to be used to improve QoL.	11 ____________ 12 ____________

4.3.2 실마리(Key)

문장 1인 'Prior work has documented the effectiveness of psychosocial intervention in improving quality of life (QoL) and reducing stress in patients suffering from various disorders; Epstein,18 for example, reports that orthopedic patients participating in a two-week multimedia intervention programme improved across several QoL indices, including interpersonal conflict and mental health.' 에서 저자는 다른 연구자가 기존 연구결과에 대해 회상한다.

❑ 왜 결론은 이전 연구결과를 먼저 회상하면서 시작해야 할까?

다른 부절(subsection)로 들어가기 위한 가장 쉬운 방법을 제공하기 때문이다. 이러 방식의 두 가지 예를 〈결과〉절에서 이미 논의한 적이 있다: 이 부절과 관련 있는 내용에 대한 일반론을 언급함으로써 이 부절의 내용이 무엇일 것인가에 대한 정보를 제공해주거나 앞 부절의 어떤 내용을 언급해 줌으로써 자연스러운 연결성을 제공해 준다. 〈결과〉절에서 저자는 실험방법이나 실험에 사용된 재료 등에 대해 개략적으로 설명하면서 시작했었다. 하지만 〈논의〉에 대한 개요를 보여주기는 불가능하다. 〈실험 및 결과〉절과 달리 〈논의〉는 어떤 영역에 대한 설명을 필요로 하기 때문이다. 그러므로 〈논의/결론〉은 주로 앞 절의 어떤 내용에 대해 언급하면서 시작한다. 그 내용은 주로:

- 이 논문의 목표를 다시 언급하면서 서론부분을 참조로 하거나 중요한 기초지식에 대해 언급하거나 이 논문만의 고유한 예측/이론/가설 혹은 그 문제를 해결하기 위해 세운 계획 등에 대해 언급한다.
- 현재 진행 중인 과정의 근거를 상기시키기 위해 〈실험방법〉을 다시 회상시키거나 현재의 과정 그 자체를 요액해 본다.
- 저자나 다른 연구자들이 얻어낸 연구결과를 요약하기 위해 〈결과〉 절을 다시 언급한다.

❑ 어떤 내용을 선택해야 할까?

한 가지 선택법은 당신 연구의 가장 중요한 주제에 대해 다시 한 번 언급하면서 시작하는 방법이다. 당신 논문의 가장 중요한 결론이 〈서론〉에서 제시하였던 논제와 차이가 난다거나 문젯거리가 된다면 〈서론〉에서 주장한 사실을 먼저 언급하면서 그 차이점이나 문제점에 대해 논의함으로써 해결해 나가도록 하라. 당신이 사용했던 소프트웨어나 실행했던 과정 혹은 현재 실험과정에서 당신이 수정한 과정 등이 매우 중요한 관점이라면 〈방법〉절을 먼저 언급하면서 시작하여라. 당신의 결과가 이론을 뒷받침해주거나 새로운 사실을 밝혀내어 매우 중요한 사실이라면 〈결과〉절을 먼저 언급하면서 시작해도 된다. 첫 번째 문장은 반드시 이유 있는 문장이라야 한다.

논문의 이전 부분에서 언급한 어법을 사용하거나 심지어는 동일한 문장을 사용해도 무관하다. 이런 행위는 독자들에게 메아리 효과를 주어서 그 이전 내용을 회상하게 만들어준다. 여기서 저자는 문헌에서 제시되었던 주장에 강하게 대응하기 위해 〈서론〉에서 주장하였던 것과 동일한 어법이나 단어들을 동원해 사용한다.

> **문장 2**인 'However, these studies have either been short-term studies or have not focused on patients whose disorder was stress-related.' 에서 저자는 이전 연구자의 실험방법에 나타났던 구체적인 약점을 상기시키기 위해 서론 부분을 다시 언급한다.

이 논문의 기여도는 이전 논문에서 사용했던 실험방법과 현 논문에서 사용한 방법의 차이에 대해 논의하는 것이므로 이전 연구에서 제시되었던 방법론의 약점을 상기시키기 위해 〈서론〉에서 언급했던 차이점/문제점에 대해 우선 언급한 뒤 현재 연구와 이전 연구의 방법론적 차이에 대해 구체적으로 언급한다.

이 부분에서 〈논의〉절에서 다루었던 중요한 기초지식에 대해 반복하여 언급해주는 것도 아주 일상적인 일인데 이는 본 연구의 동기성이나 필연성을 부여하는데 아주 도움이 된다. 기초지식은 〈논의〉절 전반에 걸쳐 가장 일반적인 사항들이다.

> **문장 3**인 'In this study we tested the extent to which an extended three-month stress management programme improved QoL among a group of patients being treated for stress-related skin disorders such as eczema.' 에서 저자는 이 연구에서 사용된 방법론에 대해 다시 언급하고 있다.

❑ 여기서 방법론에 대해 다시 언급한다면 얼마나 구체적으로 해야 하는가?

〈방법〉절에서 사용한 것과 비슷한 수위의 어법을 사용하더라도 독자들이 당신 실험의 원칙을 이해하는데 도움을 줄 수 있으며 실험방법의 가장 중요한 부분에 대해 여기서 언급해 주는 것도 일반적인 방법이다. 그러나 비록 방법론의 세부사항에 대해 언급하더라도 새로운 정보를 추가하지는 말아라. 방법론에 대한 정보가 논문에 포함될 수 있을 정도로 중요하다면 그 내용이 포함되어야 할 장소인 방법론 절에 위치해야 하며 여기서는 그 사실을 단지 회상시켜주기만 하면 된다.

❑ 나만의 방법론을 피력할 때 어떤 시제를 사용해야할까?

방법이나 결과를 환기시키고자 할 때에는 과거 단순, 현재 단순 또는 현재완료 시제 어느 것이나 사용 가능하다(예: In the current case HI is used/has been used/was used to define the size and shape of the turbulent structures). 만약 아주 간단한 결론을 추가하고자 할 때에는 현재완료나 현재단순 시제가 일반적이다(예: We use/have used holographic data to reconstruct the three-dimensional structure).

> **문장 4**인 'We found that in virtually all cases, participation in our three-month stress management programme was associated with substantial increases in the skills needed to improve QoL.' 에서 저자는 결과를 요약하여 다시 설명한다.

❑ 이것은 결과의 개요설명과 같은 것일까?

결과의 개요에 대해 이미 〈결과〉절에서 기술했다면 이 문장의 내용이나 구조마저도 아주 유사할 가능성도 있다. 이런 식으로 결과를 요약하는 방식은 〈초록(abstract)〉에서도 자주 사용된다(다음 단원에 나오는 〈초록〉절을 참고하기 바란다).

❑ 그렇다면 왜 여기서 결과를 요약하거나 다시 상기시킬 필요가 있을까?

이 절의 출발점에서 하나의 다이아그램을 보여주면서 왜 그것이 대칭적인지에 대해 언급하고자 한다면 〈논의〉절의 가장 핵심적인 역할 중의 하나가 결과를 넘어서서 독자들을 직접적이면서 초점에 정조준 시켜 결론 쪽으로 유도시키고 그 결과를 바탕으로 하여 폭넓은 추정이나 어떤 일반화를 유도해내는 일이란 것을 알 수 있을 것이다. 결과를 잘 요약하면 적절한 출발점을 갖게 된다.

문장 5인 'These findings extend those of Kaliom, confirming that a longer, more intensive period of stress-management training tends to produce more effective skills than when those skills are input over a shorter period via information transfer media such as leaflets and presentations (Kaliom et al., 2003).' 에서 저자는 현재 연구가 이 분야의 연구지도(map) 어떤 부분에 어떻게 기여를 할 것인가에 대해 보여준다.

이것이 다른 부분에서는 일어나지 않는 〈논의〉의 가장 핵심적 내용이다. 〈서론〉에서 이루어졌던 아주 간략한 문헌 설명을 할 때 당신은 독자들에게 당신 연구가 이 연구분야에서 차지하는 위치에 대해 설명을 해 주었을 것이다. 그러므로 이제 당신은 독자들에게 당신의 연구가 그 위치에 존재하는지를 보여주고 심지어는 그 연구지도에 당신이 어떻게 영향을 끼치거나 변화시켰는지를 보여줄 필요가 있다. 〈논의〉에서는 당신의 연구결과가 다른 사람의 결과와 어떤 연관성을 갖는지 언급해주는 것이 당신의 의무이다.

❑ 현재의 연구동향에 나의 연구가 부합될 수 있는 가능한 방법은 무엇인가?

비슷한 결과를 도출하더라도 당신 작업은 다른 방법을 사용하였을 수도 있다. 당신의 결과가 현존하는 방법을 개선시킬 수도 있고 이전의 연구결과를 확신시킬 수도 있으며 반목하는 결과를 만들어 이전의 결과에 대해 부정적 의견을 만들 수도 있을 것이다. 당신의 연구결과가 완전히 다르거나 아주 새로운 접근법을 제공할 수도 있으며 그런 경우에는 결과를 더 확장시켜 이전의 연구에서 제안했던 의견을 확신하도록 만들 수도 있을 것이다. 당신의 결과가 현재의 연구지도와 부합하도록 만드는 방법에는 여러 가지가 있겠지만 이 단원의 뒷부분에서 다루는 어휘선정에 대해 공부하면 훨씬 더 명확해 질 것이다.

❑ 어떤 연구가 나의 결과와 부합하는지 어떻게 알 수 있을까? 논의 부분에서 다른 사람의 연구결과를 처음으로 언급해도 될까?

〈방법〉과 〈결과〉절을 통틀어 당신 결과를 현존하는 다른 결과와 비교하였는데 이런 일에 대해 초점을 맞추고자 한다. 앞부분에서 언급하지 않았던 연구에 대해 여기에서 언급할 수는 있지만 〈논의〉에서 너무 많은 분량의 다른 연구결과를 언급하는 것은 일반적이지 못하다. 어떤 연구가 당신의 작업에 영향을 끼쳤는지 정확하게 결정을 해야 하며 이 점을 독자들에게 분명하게 해 주어서 다양한 방법으로 〈논의〉절에서 이것에 대해 다루어야 한다.

문장 6인 'In addition, the improvements noted in our study were unrelated to age, gender or ethnic background.' 에서 저자는 이 연구의 기여도나 긍적적인 업적을 나타내고자 한다.

〈논의〉의 또 다른 중요한 특성은 당신 업적이나 기여도에 대해 분명하게 초점을 맞추는 것이다. 혜택이나 특혜를 느낄 수 있도록 긍정적 어법을 이용하여 당신 업적에 대해 설명하라. 당신 업적에 대해 이야기할 때 부끄러워 하지마라. 당신의 얻어낸 연구결과와 당신이 이룬 업적을 스스로 아무리 좋다고 느낄지라도 그것을 확신 있게 주장하지 못한다면 독자들은 그 업적의 가치를 알지 못할 것이다.

❑ 이 연구분야에서의 위치선정과 동일한 일인가?

의도는 동일하지만 내용은 다르다. 위치선정은 이 연구분야에서 어떤 연구들이 이루어지는가를 알려주게 된다. 그러나 성취도는 다른 의미로 설명이 되며 그러므로 독자들은 이루어진 업적의 가치와 이 연구가 이 연구분야에 어떤 영향을 끼치는가를 부분해서 이해하게 된다.

> **문장 7**인 'This study therefore indicates that the benefits gained from stress-management intervention may address QoL needs across a wide range of patients.' 에서 저자는 이 연구의 업적의 공헌도나 의미에 초점을 맞춘다.

❑ 결과의 의미에 대해 결과절에서 이미 언급했다면 너무 중복되는 것일까?

〈결과〉절에서 보았듯이 암시(implication)는 결과로부터 추정되는 것이다. 암시(예: suggesting that/indicating that 등)에 대한 최초의 언급은 연구논문의 진행방향이 논문의 중심부분에서 벗어나 〈논의/결론〉으로 이동하는 전이점 역할을 한다는 것이었다. 〈논의〉절에서 흔히 겪는 실수는 이런 방향성 설정을 잘못하는 경우이다. 다른 어법으로 단지 결과를 다시 설명하는 것으로는 충분하지 못하다. 〈논의〉에서는 왜 이런 결과가 나왔는지를 제시할 필요가 있으며 그 결과에 대한 당신 나름대로 원리를 설명할 의무가 있다. 이런 제안, 설명 그리고 암시들을 정제하고 개발하며 논의하는 곳이 이곳이다.

연구논문과 보고서의 중요한 차이점 하나는 연구의 목적이 단지 결과를 얻고 그 결과를 설명하는 것이 아니라는 것이다: 현존하는 어법으로 그 결과가 이해가 될 수 있도록 만들고 그 결과에 대한 암시를 유용하고 설득력 있도록 설명해 주는 것이다. 즉 그 결과의 맥락이 무엇인가를 언급해주는 것이다. 결과들이 최초의 의문점이나 문제점과 어떤 연관성을 갖는가? 당신의 연구결과가 기존 발표된 다른 연구자의 결과와 부합되는가? 당신의 결과가 의외라면 왜 그런지 설명하려고 노력하라. 당신의 결과를 설명할 다른 방법은 없는가? 독자들은 당신의 연구를 어떻게 평가해야 할까를 궁금해 하므로 독자에게 이에 대해 설명해주는 것은 당신의 일이다. 당신의 연구결과가 무엇인지에 대해 설명하는 것이 〈결과〉절이며 그 결과의 의미에 대해 설명하는 것이 〈논의〉의 중심 내용이다.

❑ 내 결과의 암시에 대해 내 스스로가 확신하지 못한다면?

〈논의〉에서 암시가 주어지는 방법을 살펴보면 〈결과〉에서 암시가 주어질 때와 정확하게 그 어법이 동일하다는 것을 알게 될 것이다. 'It seems that/suggesting that/indicating that'등은 여기서 아주 흔한 표현법이며 이들은 'may'나 'could'등과 아주 긴밀한 연관성을 갖는다. 이는 과학논문이란 결코 어떤 특정 주제에 대해 모든 것을 이해할 수 있는 위치까지 도달할 수 없기 때문이다. 즉 현재까지 밝혀진 내용을 그 다음 연구에서 다시 가다듬고 더 진전시키는 행위의 반복이다. 결과적으로 과학자들은 공인받지 못한 사실을 일반적 사실인 양 주장하지 않도록 주의해야 한다. 다음 문장에 나오는 굵은 표시 단어들이 그런 예이다.

> **4** We found that in **virtually** all cases, participation in our three-month stress management programme **was associated with substantial** increases in the skills needed to improve QoL. **5** These findings extend those of Kaliom, confirming that a longer, more intensive period of stress- management training **tends to** produce more effective skills than when those skills are input over a shorter period via information transfer media such as leaflets and presentations (Kaliom et al., 2003). **6** In addition, the improvements noted in our study were unrelated to age, gender or ethnic background. **7** This study therefore **indicates that** the benefits gained from stress-management intervention **may** address QoL needs across a wide range of patients.

문장 8인 'Most notably, this is the first study to our knowledge to investigate the effectiveness of extended psychosocial intervention in patients whose disorder is itself thought to be stress-related.' 에서 저자는 이 연구의 성취도나 기여도는 참신함(novelty)이라고 표시했다.

위 문장의미는 때로는 기여도와 성취도는 매우 비슷하다는 주장이다. 이 작업의 가장 중요한 기여도 중 하나는 이런 종류의 연구는 지금까지 이루어진 적이 없다는 사실이다.

지금까지 이런 종류의 연구를 아무도 하지 않았다고 확신하는 것은 어렵다. 그러므로 이렇게 주장하기 이전에 더욱 철저한 사전 조사가 이루어져야 한다. 인터넷에만 의존하지 마라. 인터넷에 의존하는 정보의 신뢰성은 당신이 인터넷 조사를 얼마나 잘 할 수 있는가에 따라 달라질 수 있다. 문장 8에서 볼 수 있듯이 수많은 노력을 기울였음에도 불구하고 문장 속에 'in our knowledge'같은 표현을 넣어 미연에 실수를 방지하고자 했다.

> **문장 9**인 'Our results provide compelling evidence for long-term involvement with such patients and suggest that this approach appears to be effective in counteracting stress that may exacerbate the disorder.' 에서 저자는 가능성 있는 응용성을 포함하여 결과의 암시를 표현했다.

당신 결과에 어떤 암시(implication)를 넣을까를 고심할 때 그 결과가 미래의 어떤 응용을 기대하거나 어떤 작업을 수행할 수 있을까를 살펴서 문장을 작성해야 한다. 문장 9에 나오는 'long-term involvement'가 그런 의도를 암시하고 있다.

❑ 나의 결과가 만약 어떠한 명백한 응용성을 갖지 않는 경우에는?

많은 연구결과들이 명백한 응용성을 갖지는 않는다. 하지만 결과의 응용성을 포기하기 전에 두 가지 분야를 확인해볼 필요는 있다. 첫째는 당신 논문의 〈서론〉 첫 부분을 살펴보라. 그리고 당신 연구분야 관련논문들의 첫 번째 문장도 살펴보라. 이 방법은 당신 연구결과가 어떻게 사용이 될지를 알게 하는데 도움을 줄 것이다. 우리가 〈서론〉에서 보았듯이 첫 번째 문장은 보통 이 연구가 왜 중요하고 유용한지를 보여주기 때문이다. 다른 한 가지 방법은 동일분야의 기존 발표된 논문의 〈논의〉부분을 잘 살펴보는 것이다.

그러나 당신 연구결과가 현재 혹은 앞으로도 아무런 응용 가능성을 갖지 못할 수도 있다. 공학분야 같은 경우에는 다른 분야에 비해 훨씬 실용적이므로 연구결과는 아주 다목적이다. 이런 분야에서는 존재하지 않는 응용성을 찾거나 만들고자 노력할 필요는 없다.

문장 10과 11인 'However, some limitations are worth noting. Although our hypotheses were supported statistically, the sample was not reassessed once the programme was over.' 에서 저자는 향후과제로 남겨야 할 현재 실험결과의 한계성에 대해 설명하고 있다.

한계에 대해 여기서 언급하는 것이 이미 세 번째이다. 첫 번째는 〈방법〉절이었고 두 번째는 〈결과〉절 그리고 지금이다. 여기서는 어떤 한계성에 대해 집중해야 할까?

〈논의〉절에서 당신 연구의 한계성을 언급하는 이유는 앞으로의 연구방향을 설정해주고자 함이다. 그러므로 어떤 일을 미래의 연구계획으로 설정해 둘지를 정해야 한다. 그 한계점은 당신 연구분야에 원론적으로 존재하는 그런 한계점이나 가까운 미래에 해결이 될 것 같지 않는 문제점 같은 것은 제외한 제안이어야 한다.

앞에서 한계성에 대해 언급할 때와 마찬가지로 이 한계성은 조만간에 해결이 날 것이라는 긍정적 주장(our hypotheses were supported statistically)을 펴 주는 것이 좋다. 이런 긍정적 주장은 한계성을 언급하는 문장 내 같이 들어 있는 것이 좋다.

문장 12인 'Future work should therefore include follow-up work designed to evaluate whether the skills are retained in the long term and also whether they continue to be used to improve QoL.' 에서 저자는 미래의 연구분야의 구체적 사실을 언급하고 있다.

문장 12에서 한계성을 미래의 연구계획과 연결시키기 위해 'therefore'라는 단어를 사용했음에 유념하라.

❏ 왜 미래 연구계획의 방향을 지정하고자 시도해야만 할까? 사람들이 스스로 고무되도록 독려하기만 하면 안 되는 것일까?

하나의 논문으로 당신 연구분야의 모든 의문점을 해결할 수는 없다. 그러므로 〈논의〉절을 작성할 때에는 마음속에 개략적 전모를 파악하고 있어야 한다. 이 연구는 다음에 어디로 가야할까? 최상의 연구는 지속적 연구를 행해 열려있어야 한다. 연구공동체가 당신 연구의 특정 방법을 따르도록 만드는 것은 아주 다양한 기능을 갖는다. 첫째 이는 연구자들에게 아주 명쾌하게 정의된 프로젝터를 제공한다. 이는 모호한 제의를 하는 것보다 훨씬 매력적이고 따라서 훨씬 더 수행하기도 쉽다. 둘째 이는 당신과 공동체 간의 직접적 연결을 통해 고무될 수 있고 당신의 의지대로 공동체의 연구방향을 제시할 수 있으므로 당신 연구를 더욱 더 값지게 만든다. 게다가 당신 작업의 한계점이나 난관에 대한 연구를 통해 현재나 미래의 아주 유용한 데이터를 얻게 될 것이다.

4.3.3 모델(The Model)

앞 절에서 선보인 문장들을 요약하면 다음과 같다.

문장 1 저자는 다른 연구자가 발견한 것이나 결론 등을 참고로 언급한다.

문장 2 저자는 이전 연구자의 실험방법에 나타났던 구체적인 약점을 상기시키기 위해 서론 부분을 다시 언급한다.

문장 3 저자는 이 연구에서 사용된 방법론에 대해 다시 언급하고 있다.

문장 4 저자는 결과를 요약하여 다시 설명한다.

문장 5 저자는 현재 연구가 이 분야의 연구지도(map) 어떤 부분에 어떻게 기여를 할 것인가에 대해 보여준다.

문장 6 저자는 이 연구의 기여도나 긍적적인 업적을 나타내고자 한다.

문장 7 저자는 이 연구의 업적의 공헌도나 의미에 초점을 맞춘다.

문장 8 저자는 이 연구의 성취도나 기여도는 참신함(novelty)이라고 표시했다.

문장 9 저자는 가능성 있는 응용성을 포함하여 결과의 암시를 표현했다.

문장 10과 11 저자는 향후과제로 남겨야 할 현재 실험결과의 한계성에 대해 설명하고 있다.

문장 12 저자는 미래의 연구분야의 구체적 사실을 언급하고 있다.

이 문장들을 뼈대로 하여 다음과 같은 4가지 성분으로 분류한다.

1	이전 절의 내용을 다시 언급 일반적 혹은 핵심 결과를 요약하거나 다시 언급
2	현재의 연구결과와 비교하기(mapping)
3	성취도/기여도 논문에서 제시한 암시를 재정비
4	한계성 현재와 미래의 작업 응용성

4.3.4 모델 시험하기(Testing the model)

다음 단계는 이 모델이 실제 〈논의〉절이나 당신이 참고로 하고 있는 논문의 그에 해당하는 절(절의 이름은 'Summary and Conclusion'이라 불리기도 함)에서 작용하는 방법에 대해 살펴보는 것이다. 몇 가지 연구논문에서 발췌한 〈논의〉절 전문을 실어 둔다. 이들을 세심하게 읽은 후 앞의 모델 성분(1,2,3, 또는 4)에 해당된다고 여겨지는 부분에 표식을 달아보아라. 예컨대 첫 번째 문장이 모델의 성분 1에 해당된다고 생각되면 문장 끝부분에 숫자 1을 달아라.

On combining classifiers

7 CONCLUSIONS

The problem of combining classifiers which use different representations of the patterns to be classified was studied. We have developed a common theoretical framework for classifier combination and showed that many existing schemes can be considered as special cases of compound classification where all the pattern representations are used jointly to make a decision. We have demonstrated that under different assumptions and using different approximations we can derive the commonly used classifier combination schemes such as the product rule, sum rule, min rule, max rule, median rule, and majority voting. The various classifier combination schemes were compared experimentally. A surprising outcome of the comparative study was that the combination rule developed under the most restrictive assumptions — the sum rule — outperformed other classifier combinations schemes. To explain this empirical finding, we investigated the sensitivity of various schemes to estimation errors. The sensitivity analysis has shown that the sum rule is most resilient to estimation errors and this may provide a plausible explanation for its superior performance.

Phosphorus removal by chemical precipitation in a biological aerated filter

DISCUSSION

Chemical dosing onto the top of the BAF produced excellent phosphorus removal efficiencies compared to the removal obtained by biological uptake. The performance of the plant was unaffected with respect to BOD, COD, suspended solids and TKN. In contrast with previous findings, using an aluminium based reagent (Rogalla *et al.*, 1990), the nitrification process was significantly affected. The use of spent pickle liquor dosing onto an activated sludge plant for phosphorus removal was also seen to affect nitrification, especially at high doses (Bliss *et al.*, 1994) although this waste product may contain contaminants toxic to nitrifying bacteria.

The resulting reduction in nitrification which occurred during chemical dosing of weight ratio 1:1.14 (P:Fe) coincided with the greatest BOD loading (1.74 kg/m^3 per day) and the highest NH4 loading (0.4 kg/m^3 per day). To achieve complete nitrification an average BOD loading of 1.6 kg/m^3 per day has been suggested (Stensel *et al.*, 1988), which was exceeded during this time. At higher BOD loadings the nitrifying bacteria may be outcompeted by the organisms responsible for carbon oxidation (Metcalf and Eddy Inc., 1979) and higher ammonia loadings can create extra pressure for the nitrifying bacteria. These conditions may also explain the increased oxygen demand. A more extensive study of the effects of iron dosing on the nitrification process may be required, although the increased BOD loading most likely accounts for the reduction in this process.

The optimum chemical dose for phosphorus removal is dependant on the EC limit imposed, the stability of the process required and the capital/running costs available. Unfortunately, specific weight ratios could not be studied for any significant period of time due to the variable concentration of incoming phosphorus. The use of Fuzzy logic systems (Bulgin, 1994), to adjust the chemical dose with respect to the incoming total phosphorus, would have removed this problem. Overall the most stable and effective weight ratio was 1:1.50 (P:Fe). This is lower than the optimum ferric chloride dose found previously (Stensel *et al.*, 1988) of 1:2.00 (P:Fe), but a comparison of the performances of iron (II) and iron (III) salts would be useful. Although this produced the most stable effluent quality, its performance was not significantly different from that produced by a dosing ratio of 1:1.25. Providing the iron (II) solution is changed regularly, because it was at the end of each period when the removal efficiency deteriorated, a chemical dose ratio of 1:1.25 should be sufficient to meet EC limits of 1mg/litre. If, however, a limit of 2 mg/litre has to be met, the dosing ratio can be lower; 1:1.00 would be a suitable ratio. This optimum ratio is much lower than for other precipitants and processes. For example, the use of alum for phosphorus removal in aerated lagoons required a dosing ratio of 2.80:1 (weight ratio AI:P). This dose produced a 90% reduction of phosphorus on an average influent concentration of 4.80mg/litre (Narasiah *et al.*, 1991). The addition of ferric chloride to the aeration basin of an activated sludge plant rarely achieved 0.5mg/litre phosphorus concentrations in the effluent with weight ratios as high as 5.4:1 (Fe:P) (Wurhmann, 1968). Finally, the addition of sodium aluminate to the aeration basin of an activated sludge plant required doses of 1.7:1 (weight ratio AI:P) to produce a final effluent concentration of 1.5 mg/litre (Barth *et al.*, 1968).

In accordance with previous findings (Stensel *et al.*, 1988), chemical dosing had no significant effect on headloss during operation of the BAF, even at the higher chemical doses. Further research investigating the effects of chemical dosing on full-scale BAFs may be beneficial. The use of ferrous salts for phosphorus removal has produced good results on a pilot-scale plant. Full-scale chemical dosing with these salts has been practised for many years in Finland and Switzerland with similarly good results (Bundegaard and Tholander, 1978).

Generalized thermodynamic perturbation theory for polyatomic fluid mixtures.
I. Formulation and results for chemical potentials

VIII. CONCLUSIONS

We have derived (Sec. III) exact results relating certain

background pair correlation functions in a mixture to $\beta\triangle\mu e$. This derivation makes contact with earlier results obtained by us,[13,14] and clarifies, makes rigorous, and extends the approach of Stell and Zhou.[4-7] The results hold for mixtures of arbitrary compositions and for both FHS and non-FHS systems.

We have used thermodynamic arguments to develop a general EOS for mixtures of polyatomic molecules and their constituent atoms (Sec. IV), based solely on the ideal-associated solution approximation (IASA). When the exact result for $\beta\triangle\mu e$ from Sec. III is incorporated, this theory can be seen to be a generalization of the first-order thermodynamic perturbation theory of Wertheim,[2] originally developed for tangent fused-hard-sphere mixtures. One form of this theory is based upon and requires for its implementation only thermodynamic information for the reference mixture, and the alternative form requires structural information for the reference system in the form of the background correlation function y*(1, 2, ⋯ , m). Since information of the latter kind is very difficult to obtain (apart from the diatomic case), we generally advocate use of the former form of the theory. We note that the generalized theory accounts for differences in structural isomers of polymeric species, unlike other approaches.[17]

We have demonstrated that alternative implementations of the generalized EOS for fused-hard-sphere systems produce slightly different results, depending on the way in which certain quantities are calculated (Sec. V). We showed that, for bonded-hard-sphere (BHS) systems, the thermodynamically based implementation yields results identical to those obtained by using the Boublik–Nezbeda equation of state,[8] and the alternative based upon structural information yields similar, but not exact, results. This sheds light on the reason for the accuracy of results obtained by previous implementations of TPT1 for diatomic systems.[2,9,6]

We have derived expressions for the excess chemical potentials, consistent with the generalized EOS, for the components of mixtures of homonuclear polyatomic molecules and their constituent atoms (Sec. VI). Since the TPT and its generalizations have the practical drawback of requiring information concerning the properties of a reference mixture system, approximations implementable requiring only accurate knowledge of pure systems are more feasible. We have tested the results of the Lewis–Randall rule approximation[10] against those of other approximations and against some exact and near-exact results. It produces good results overall.

We have presented new and more accurate results for the individual $\beta\mu e$ and for $\beta\triangle\mu e$ for the system of tangent diatomic FHS molecules with size ratio 0.6 (System B), using both conventional NVT Monte Carlo simulations and the reaction ensemble method.11 For this system, the simulation results show that $\beta\triangle\mu e$ is essentially independent of composition. The BN EOS was found to predict that $\beta\triangle\mu e$ is exactly independent of composition. We conjecture that this result holds for all BHS systems. This result is in agreement with the fundamental approximation of the IASA.

Optimal local discrimination of two multipartite pure states

7. Conclusion

We have demonstrated that any two multipartite pure states can be inconclusively discriminated optimally using only local operations. We have also shown that this is possible for certain mixed states and certain regimes of conclusive discrimination. We then turned our attention to finding sets of entangled states that can be recreated locally, thus allowing any global discrimination figure of merit to be achieved locally. We find that this is true for the Schmidt correlated states, and, as a consequence, this is also for any two maximally entangled states.

It would be interesting to know if there are many other states which can be locally recreated using other techniques. If this can be shown to apply to any two pure states, then we would know that two pure states can be distinguished optimally under any figure of merit using only local operations.

Organic vapour phase deposition: a new method for the growth of organic thin films with large optical non-linearities

4. Conclusions

In summary, we have presented a new technique, organic vapour phase deposition, for the growth of extremely pure, strongly NLO-active films of DAST via the chemical reaction of two organic vapors in a hot-wall reactor. Analysis of the films by NMR, X-ray diffraction and second harmonic generation efficiency indicates that they are chemically pure, crystalline, and exist in the monoclinic structure which has previously been shown to exhibit very large second-order non-linear optical effects. By using different reactants, and with the appropriate combinations of bubblers and solid sources, OVPD can be applied to yield thin films of many different highly polar, NLP-active organic and organometallic salts, regardless of the high vapour pressures of the materials involved. To our knowledge, growth of such compounds has not previously been possible by established methods of thin film growth. We expect this technique to open up an entirely new range of materials and numerous novel photonic device applications.

이제 동일한 작업을 참고로 하는 논문에서도 시행해 보아라. 우리가 만든 모델에 관해 아주 굳건한 믿음을 얻기 바라며 이 단원의 서두에서 했던 3가지 질문에 답할 수 있기를 바란다.

- 〈논의/결론〉절을 어떻게 시작할 것인가? 어떤 형식의 문장으로 시작해야 할까?
- 어떤 종류의 정보가 여기에 어떤 순서로 들어가야 할까?
- 이 절을 어떻게 끝맺음 할까?

4.4 어휘(Vocaburary)

당신 논문에서 이 단원을 작성하기 위해 필요한 정보를 완성하기위해 각 모델에 적당한 어휘들을 선택해야 한다. 이 단원의 어휘는 600개의 서로 다른 연구분야에서 대부분이 원어민들에 의해 발표된 과학논문에서 발췌한 것이다. 자주 나타나는 단어/구들을 주로 골랐다. 즉 모든 단어들은 저자나 편집자 모두가 잘 사용하고 신뢰할만한 구나 단어들이란 의미이다.

다음 절에서 다음과 같은 분야에서 통상적으로 사용되는 어휘들을 살펴볼 것이다.

1. 앞 절의 재인용하기

2. 요전 결과를 요약/재인용하기

3. 암시사항을 정예화하기

이런 일을 위해 필요한 대부분의 어휘들은 이전 절에서 찾아볼 수 있다. 다른 어휘들을 더 추가할 필요는 없다. 〈서론〉, 〈재료/방법 및 결과〉 단원으로 되돌아가보면 적절한 어법들을 다 찾을 수 있을 것이다. 암시사항을 정예화 할 때에는 〈결과〉절의 암시용 어휘들을 사용하고 당신의 데이터로부터 지지를 받지 못할 결론이나 암시를 제공하지 마라.

4. 매핑(mapping): 현재의 연구와의 연관성

이는 일반적인 연구의 흐름 중 당신의 기여도가 어디에 위치하는가를 독자들에게 보여주는 것이다. 'consistent with'나 'provide support for' 등이 일반적이다.

5. 성취도/기여도

당신의 성취도/기여도는 주로 현재완료 시제로 표현이 되는데 특히 그 기여도를 결론에서 언급하고자 할 때에는 더욱 그렇다. 'We have demonstrated/described/investigated/developed/shown/studied/focused on' 등으로 주로 시작한다.

6. 한계성/현재와 미래의 작업

이들은 종종 아주 긴밀하게 발생하는데(심지어는 한 문장 내에서)

그 이유는 현재의 한계점이 미래 연구의 방향성을 제시해주기 때문이다. 한계성을 의미하는 어휘들 또한 이전 절에서 발견된다. 미래작업을 나타내는 어휘로는 'should be replicated'나 'future work is needed' 등이 있다.

7. 응용성

당신 연구결과가 간접 또는 비간접적으로 응용성과 관련이 있거나 그렇지 않을 수도 있다. 만약 응용 가능성이 있다면 여기에서 언급하면 된다. 'have potential'이나 'may eventually lead to' 등의 구문이 사용된다. 이런 응용성 제시는 당신 연구의 제한적 성과를 확장적으로 만들어주는 계기가 되는 것이다. 응용성이나 미래의 작업은 당신 연구와 나머지 연구자들간의 교류를 제공한다. 따라서 이는 논문의 끝부분을 장식하는 좋은 방법이다.

4.4.1 어휘작업

이 단원과 당신이 참고로 하는 논문의 〈논의/결론〉부분을 잘 살펴보아라. 앞에서 설명한 7가지 분야에 해당된다고 생각되는 단어/구 부분에 밑줄을 그어보아라.

유용한 모든 어법은 다음 페이지에 나올 것이다. 이 어법들은 당신이 밑줄을 쳤던 모든 단어/구들의 모임이 된다. 각 리스트 박스 아래에는 이 단어/구들이 어떻게 사용되는지를 예를 들어 보여준다. 리스트를 자세히 본 후 사전에 나오지 않는 단어의 의미를 확인하여라. 이 리스트는 오랫동안 아주 유용할 것이다.

4.4.2 〈논의/결론〉절에 사용되는 어휘들

1. 앞 절의 재인용하기

2. 요전 결과를 요약/재인용하기

3. 암시사항을 정예화하기

이 절을 재인용하고자 할 때 문장 내 단어들을 필요 없이 바꾸지 마라. 당신이 이전에 말했던 내용을 상기시키는 것이 목적이므로 동일한 단어/구를 이용하는 것이 유리하다.

〈서론〉이나 〈실험/방법〉을 재인용하면서 시작한다면 〈논의/결론〉에 나오는 중요한 결과를 요약하거나 재인용하고자 할 것이다. 당신의 연구결과가 당신 결론을 지지하는 가장 중요한 열쇠이다. 그러므로 이런 결과를 독자의 뇌리에 선명하게 각인시켜둘 필요가 있다.

4. 매핑(mapping): 현재의 연구와의 연관성

〈논의/결론〉에 나오는 용어의 선택은 독자에게 매우 중요하다. 독자들은 연구분야별로 분류를 하고자 하며 이 때 당신 연구결과가 그룹 연구와 어떤 관련성을 갖는지 그리고 현존하는 연구결과와 어떻게 다른지 구분할 수 있도록 해 주어야 한다. 당신은 연구시장이라는 곳에서 당신의 연구결과란 상품의 정체성을 보여주어야 한다. 다른 연구자들의 결과/접근법과 비교해 당신 결과의 정당성 또는 다른 연구자 결과의 부당성(discredit)을 보여주어야 한다.

his/Our study/method/result/ approach is:	This/Our study:
analogous to	broadens
comparable to	challenges
compatible with	compares well (with)
consistent with	confirms
identical (to)	contradicts
in contradiction to	corresponds to
in contrast to	corroborates
in good agreement (with)	differs (from)
	extends

in line with significantly different (to/from) the first of its kind (very/remarkably) similar (to) unlike	expands goes against lends support to mirrors modifies proves provides insight into provides support for refutes supports tends to refute verify

참고: 당신 연구결과와 다른 사람의 결과 차이를 부각시키는 가장 효과적인 방법은 서로 비교하는 것(예: stronger/more accurate/quicker 등)임을 명심하라.

다음은 이 단어들의 사용 예이다.

- **To the knowledge of the authors,** the data in Figs. 4–6 is the **first of its kind**.
- The results of this simulation therefore **challenge** Laskay's assumption that percentage porosity increases with increasing Mg levels.
- The GMD method provides results that **are comparable to** existing clay hydration processes.
- **Similar** films on gold nanoparticles have also been found to be liquid-like.
- Using this multi-grid solver, load information is propagated **faster** through the mesh.

- Our results are **in general agreement with** previous morphometric and DNA incorporation studies in the rat [2.6].
- Our current findings **expand** prior work.5
- The system described in this paper is **far less** sensitive to vibration or mechanical path changes than previous systems.
- **Unlike** McGowan, we did not identify 9-cis RA in the mouse lung.

5. 성취도/기여도

당신도 알듯이 과학논문작성은 느낌표(!)를 일반적으로 잘 사용하지 않는다. 당신의 업적이나 기여도를 표현할 때 사용되는 어휘들은 여전히 그 결과가 매우 흥분할만한 것임을 나타내고자 한다. 그러므로 어휘 리스트는 두 가지 부류로 나뉜다. 첫째는 느낌표(!)를 사용하는 경우인데 이는 연구결과가 아주 흥미로울 때이다. 두 번째는 느낌표를 사용하되 조금 흥미롭고 그러면서 여전히 긍정적인(positive) 결과임을 표현할 때이다.

compelling	overwhelming
crucial	perfect
dramatic	powerful
excellent	remarkable
exceptional	striking
exciting	surprising
extraordinary	undeniable
ideal	unique
invaluable	unusual
outstanding	unprecedented
	vital

〈긍정적 어휘들〉

accurate
advantage
appropriate
attractive
beneficial
better
clear
comprehensive
convenient
convincing
correct
cost-effective
easy
effective
efficient
encouraging
evident
exact
feasible
flexible
important
low-cost
novel
productive
realistic
relevant
robust
simple
stable
straightforward
strong
successful
superior
undeniable
useful
valid
valuable

Useful verbs:

assist
compare well with
confirm
could lead to
enable
enhance
ensure
facilitate
help to
improve
is able to
offer an understanding of
outperform
prove
provide a framework
provide insight into
provide the first evidence
remove the need for
represent a new approach to
reveal
rule out
solve
succeed in
support
yield

다음은 이 단어들의 사용 예이다.

- The presence of such high levels is a **novel** finding.
- We identify **dramatically** different profiles in adult lungs.
- Our results **provide compelling evidence** that this facilitated infection.
- These preliminary results demonstrate the **feasibility** of using hologram-based RI detectors.
- Our data **rule out** the possibility that this behaviour was a result of neurological abnormality.
- The system presented here is a **cost-effective** detection protocol.
- A **straightforward** analysis procedure was presented which **enables** the **accurate** prediction of column behaviour.
- Our study **provides the framework** for future studies to assess the performance characteristics.
- We have made the **surprising** observation that Bro1-GFP focus accumulation is also pH-dependent.
- We have derived **exact** analytic expressions for the percolation threshold.
- Our results provide a **clear** distinction between the functions of the pathway proteins.

6. 한계성/현재와 미래의 연구

당신 작업의 한계성에 대해 개략적 언급을 하길 바랄 것이다. 그러나 이것이 문제점 같이 표현이 되어서는 안 될 것이며 오히려 미래의 작업을 제안하는 것처럼 언급되어야 한다. 이런 제안은 연구공동체에서의 당신의 위상을 올려주는 일이 된다.

'will'이나 현재진행형(예: we will integrate/we are integrating this technique with the FEM implementations) 어법을 사용하여 당신의 연구결과가 여기서 끝나는 것이 아니라 계속 진행되고 있다는 의미를 전달하려고 해야 함을 잊지 마라. 'should'란 단어를 사용하여 다른 그룹의 연구 참여를 유도(This technique should be integrated with the FEM implementations)하기도 한다.

a/the need for	possible direction
at present	promising
encouraging	recommend
fruitful	remain to be (identified)
further investigations	research opportunities
further work is needed	should be explored
further work is planed	should be replicated
future work/studies should	should be validated
future work/studies will	should be verified
in future, care should be taken	starting point
in future, it is advised that...	the next stage
holds promise	urgent
interesting	worthwhile
it would be beneficial/useful	

다음은 이 단어들의 사용 예이다.

- Our results are **encouraging** and **should be validated** in a larger cohort of women.
- However, the neural mechanisms underlying these effects **remain to be** determined.
- This finding is **promising** and **should be explored** with other eukaryotes.

- **Future work should** focus on the efficacy of ligands synthesised in the Long group.
- An important question for **future studies** is to determine the antidepressant effects of such drugs.

7. 응용성/적용성/시행성

연구결과가 항시 명확한 응용성을 갖지는 못한다. 그러나 때로는 연구결과가 어떻게 사용이 될지 특히 어떤 종류의 장치를 만드는데 응용이 될지를 명확하게 제시할 수는 있다. 그런 경우 가능성 있는 응용성이나 적용성에 대해 표현하여야 한다. 이런 종류의 표현은 이미 〈서론〉에서 이루어져야 한다. 'could, should, may'같은 조동사를 사용하는 일을 잊지 마라.

eventually in future soon possible	apply have potential implement lead to produce use utilize

다음은 이 단어들의 사용 예이다.

- Our technique **can be applied to** a wide range of simulation applications.
- The PARSEX reactor therefore could be **used** for the realistic testing of a wide range of control algorithms.
- It **should be possible**, therefore, to integrate the HOE onto a microchip.

- This approach **has potential** in areas such as fluid density measurement.
- The solution method **could be applied** without difficulty to irregularly-shaped slabs.
- Our results mean that in dipping reservoirs, compositional gradients can now **be produced** very quickly.
- This could **eventually lead to** the identification of novel biomarkers.

4.5 〈논의/결론〉절 작성하기

다음 작업을 할 때 당신은 이 단원에서 배운 모든 정보를 다 동원하게 될 것이다. 당신은 모델의 형식을 따라서 지금까지 배운 어휘와 문법을 이용하여 〈논의/결론〉절을 작성하게 될 것이므로 4.3.3절의 모델과 4.4절의 어휘를 다 준비해 두었는지 확인해 보기 바란다.

이 단원 전반에 걸쳐 과학논문 쓰는 법이 배우기도 쉽고 만들기도 쉽고 또 당신 자신의 언어로부터 직접 번역을 하는 것보다도 더 손쉬운 방법이며 훨씬 창작적인 방법이란 사실을 알게 되었을 것이다. 〈결과〉절에 대한 표준모델작성법을 배웠으며 보편적으로 사용되는 어휘도 수집을 마쳤다. 당신이 만드는 문장도 이런 보편성을 띄어야 할 것이다. 당신의 참고논문에 나오는 문장을 이용하고 여기에서 제시하는 〈결과〉절을 참고하여 당신 자신만의 문장을 만들어보아라.

이번에는 모델을 철저하게 따라 해 보아라. 실습을 한두 번 해 본 후 당신의 요구에 맞게 수정을 할 수 있다. 하지만 당신이 작성한 〈결과〉절에 주어진 정보가 적절한 순서로 언급이 되었는지 혹은 독자들이 당신이 이 절에서 무엇을 할 것인지 예상하는 데로 작성이 되었는지를 확인할 때 모델의 원칙을 항시 적용해보아야 한다.

모델 답안이 실마리(Key)란에서 제공이 되겠지만 가능하다면 원어민에게 당신 자신이 만든 답안이 적절한 어휘를 사용하고 있는지를 확인해보기 바란다.

4.5.1 〈논의/결론〉절 작성하기

바닥이나 인도에 달라붙은 껌을 화학적으로 분말화시킨 후 진공청소기로 빨아들여 제거할 수 있는 장치를 당신 그룹이 디자인했다고 생각해보자.

〈서론〉에서 도로의 껌 제거작업은 아주 중요한 환경문제라고 주장하면서 시작할 것이다. 그런 후 껌의 화학성분에 대한 사실정보[1,2]와 껌과 바닥의 접착원리에 관한 정보[6]를 제공할 것이다. 그런 후 현존하는 껌 제거용 기계[3,4]를 살펴본 후 바닥에 상처를 주지 않으면서 껌을 제거하는 제거용 기계는 없다는 연구결과[10]에 대해 언급할 것이다. 껌을 분해할 수 있는 화학약품을 발견했다는 Gumbo *et al.*의 결과[5]를 인용할 것이다. 〈서론〉의 마지막 부분에서 당신 연구그룹이 "껌안녕히(GumGone)"라는 껌제거 기계를 디자인했다는 사실을 알릴 것이다. "껌안녕히"는 유해하지 않은 화학약품을 껌에 분사하여 껌을 분말로 바꾸어준다. 그런 후 바닥에 상처를 입히지 않으면서 분말로 바뀐 껌을 진공청소기로 빨아들인다.

〈실험방법〉에서 그 기계의 디자인과 구성에 대해 설명할 것이다. 당신의 기계를 현존하는 두 개의 다른 기계인 "껌흡입(Gumsucker)"[3], "흡입껌(Vacu-gum)"[4]과 비교해 볼 것이다. 그런 후 당신이 만든 새로운 기계로 몇가지 시험을 한 세부자료를 제공할 것이다. 이 때 바닥면에서 효과적으로 껌을 제거하는 시험도 몇 차례 보여 줄 것이다.

〈결과〉절에서 이런 시험의 결과들을 제공할 것이다. 당신 기계인 "껌안녕히"의 성능을 "껌흡입"[3], "흡입껌"[4]과 비교해 볼 것이다. 그 결과는 아주 만족할 만하고 아래 표와 같을 것이다. 이제 〈논의/결론〉을 작성한다.

표 1 총 껌에 대한 껌 제거 비율

	껌흡입	흡입껌	껌안녕히
나무바닥	77	73	80
돌바닥	78	78	82
카펫바닥	56	44	79

표 2 바닥 흠집/얼룩

	껌흡입	흡입껌	껌안녕히
나무바닥	최소	최소	없음
돌바닥	심각	약간	없음
카펫바닥	심각	심각	최소

논의

껌제거 기술은 이전부터 어떻게 하면 바닥에 아무런 상처를 주지 않으면서 껌을 제거하는가 하는 문제에 직면해 있는 실정이다. 현존하는 껌제거기인 "껌흡입", "흡입껌" 등은 바닥의 껌을 제거하기 위해 열과 스팀공기를 분사하므로 효과적인 제거는 가능하지만 바닥에 흠집과 얼룩을 남기게 된다. 특히 카펫의 경우에는 이 얼룩이 매우 심각한 문제이다.[10]

이 연구에서 고유한 껌제거기인 "껌안녕히"의 디자인과 제작과정에 대해 설명한다. "껌안녕히"는 무해한 약품을 분사하여 껌을 분말로 바꾼 후 그 가루를 진공청소기로 빨아들이므로 얼룩이 남지 않는다. 이번 시도에서 "껌안녕히"는 모든 종류의 바닥에서 별다른 상처를 남기지 않은 채 높은 확률로 껌을 제거하였다. 시험한 바닥에는 카펫도 포함이 되어 있으므로 이는 이 기술이 상업화도 가능함을 의미한다.

"껌안녕히"를 사용하여 모든 종류의 바닥으로부터 껌을 제거한 비율은 다른 모든 기계보다 월등하게 높았다. 이 경향은 카펫바닥의 경우 더욱 뚜렷하였으며 400m^{2}의 면적에서 기존 기계는 56% 제거한데 비해 본 기계는 79%의 껌을 재거하였다. 이는 제거된 껌의 양적 면에서도 아주 뛰어난 결과이다. 우리 연구결과는 Gumbo *et al.*이 제시한 이론을 확인한 것이다. 그의 이론에 의하자면 화학약품으로 껌을 분말로 바꾼 후 진공청소기로 제거 가능하다고 하였다.[5]

현존하는 껌제거기에 비해 가장 우수한 점은 두 가지 기술을 한 기계에 병합했다는 점이다. 껌을 분말화한 후 진공청소기로 껌을 제거하는 동안의 지연시간을 줄여주어서 껌으로 인해 바닥에 생기는 얼룩까지도 상당하게 줄일 수 있었다는 것이다. 이는 껌을 제거한 후 얼룩을 제거하거나 바닥의 상처를 복원하는 과정을 생략할 수 있게 해주는 새로운 접근법이다.

앞에서 언급했듯이 kW 미만의 전기(진공청소기용 400W)만으로도 "껌안녕히"는 동작을 한다. 껌제거 비율은 더 증대하고 바닥흠집은 거의 없는 껌제거용 출력조절에 관한 연구가 계속 더 진향이 되어야 할 것이다.

단원 5

초록(Abstract) 작성법

5.1 구조(structure)

〈초록〉의 내용과 구성이 최근 수 십년간에 걸쳐 많이 변화하였다. 과학논문인용지표(SCI; Science Citation Index)처럼 온라인 출판 데이터베이스(BD; database)가 나오기 이전에는 〈초록〉이 논문의 맨 처음에 나왔으며 목적은 독자들에게 이 논문을 계속 읽게 만들기 위한 요약점들을 제공하는 것이었다. 〈초록〉부분은 논문 자체를 참조로 하지 않고는 읽을 수 없기 때문에 즉 독립된 절로 보기에는 무리가 있으므로 독자나 저자나 〈초록〉이 독립된 단원으로 취급된다고 여기지는 않았을 것이다.

인터넷의 등장은 과학연구가 소통하는 방법이나 과학자들이 과학논문을 찾는 방법에 많은 영향을 주게 되었다. 초록 BD는 과학자들이 과학 참고논문을 찾는 수단이 되었으며 어떤 논문을 상세히 읽어야 할지를 결정할 수 있도록 해준다. 일부 독자들은 단지 자기 분야에서 어떤 일들이 진행 중인지를 구체적은 아니더라도 개략적으로 알고자 하거나, 다른 이들은 구체적으로 알고는 싶지만 그 분야는 자기 연구분야에 국한시킨 부분에만 관심이 있기도 한다. 그러나 독자들이 당신 연구논문을 실제로 읽게 된다면 초록만으로도 그저 인터넷 상에서 대충 읽고 마는 것이 아니라 당신 논문을 복사하여 가지도록 유도하여야 한다. 〈초록〉은 온라인 BD 상에서 주목을 끄는 경쟁을 한다. 초록보다는 제목만 읽는 사람이 더 많고 논문 전체를

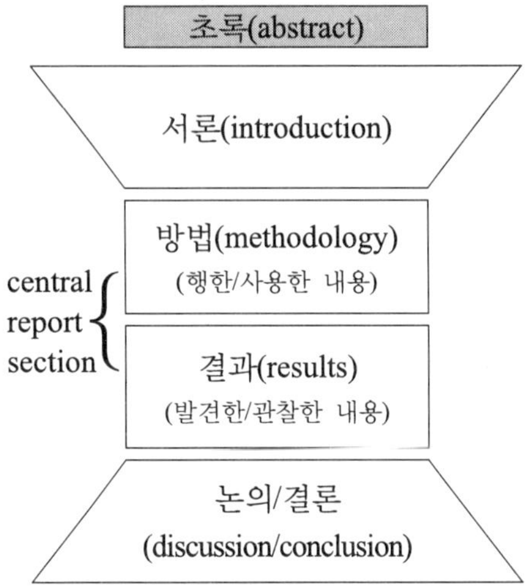

** 그림 5.1 연구논문이나 학위논문의 짜임새

보는 사람보다 초록만 읽는 사람이 더 많다. 이런 관점에서 볼 때 〈초록〉만 잘 작성하더라도 그 정당성은 충분하다는 의미이다. 그러므로 초록은 연구결과에 대한 주요내용을 다 포함해서 비록 독자들이 본문을 읽지 않더라도 그 자체만으로도 충분하게 당신의 주요 연구결과에 대해 이해할 수 있도록 해 주어야 한다. 이런 의미로 볼 때 〈초록〉은 논문의 대표이자 얼굴이다.

❑ 왜 초록이 이 책에서는 제일 앞이 아니라 맨 뒤에 나오는 것일까?

첫 번째로 초록의 형식이나 길이는 당신의 투고하고자 하는 저널 회사에 따르며 어떤 저널에 투고할 것인지는 논문을 작성하는 후반부 혹은 다 작성한 뒤가 되기도 하기 때문이다. 그러나 〈초록〉을 맨 뒷단원에 둔 진짜 이유는 모든 단원의 작성을 마친 후가 초록을 작성하기에 가장 적절한 시기이기 때문이다. 초록의 내용은 논문의 전반적 내용에서 추출이 되기 때문이다. 논문의 본문을 잘라 붙이지 않는 한 초록은 논문에 나오는 자료를 다 포함하지는 못한다. 그렇다고 완전하게 새로운 문장을 만들 필요는 없다. 초록에 어떤 내용을 포함할 것인가 결정이 되었다면 문장이나 구의 일부를 포함하는 내용을 본문의 적절한 부분에서 발췌하여 일부 수정을 거친 후 초록에 넣기만 하면 된다. 즉 초록은 본문의 다른 단원 보다 더 작성하기가 쉽다는 의미이다.

❑ 모든 초록이 동일한 모델을 따라야 할까?

아니다. 초록의 제목이 이를 결정한다. 일부는 요약(Summary)이라 하고 일부는 기초지식(Background) 또 일부는 초록(Abstract)이라 하기도 하지만 전혀 제목이 없는 경우도 있다. 모든 초록은 결과에 주목하므로 모든 초록에는 유사성이 있지만 아주 다른 두 가지 유형이 존재한다. 첫 번째 모델은 요약과 비슷하며 매우 구조적이다. 여기에는 연구논문의 모든 절 내용이 포함되므로 거의 기초지식/방법/결과/결론 같은 부제목들을 갖는다. 두 번째 모델은 일반적인 모델로 주로 한두 가지 관점에 주목한다. 주목하는 부분은 주로 방법과 결과이지만 항시 그렇지는 않다. 두 가지 모델 모두에 대해 여기에서 논의할 것이다. 여기서 논의될 초록 모델은 기사나 논문 그리고 학위논문 모두에 적당하다. 학회(conference) 초록은 이 두 모델과 다른 경우가 많다.

❑ 어떤 모델을 선택해야 할지를 어떻게 결정할까?

모델을 정하는 것은 당신이 행한 연구의 형태나 투고하고자 하는 저널의 저자가이드에 따라 다르다. 결정권은 저자에게 있기보다는 저널회사에 있다고 할 수 있다. 선택권이 당신에게 있다면 일반적으로 볼 때 연구주제를 협의적으로 잡을수록 별다른 양식이 필요 없이 초록작성이 가능하다. 연구분야를 좁게 잡을수록 독자들도 그에 대한 기초지식을 이미 가지고 있을 것이기 때문이다. 각 저널회사에서 단어 개수에 제한을 두는 것도 초록 구조와 내용에도 큰 영향을 끼친다.

그러므로 다음과 같은 세 가지 의문을 갖게 될 것이다.

- 초록의 시작을 어떻게 할 것인가? 어떤 형식의 문장으로 시작할까?
- 어떤 종류의 정보를 어떤 순서로 초록에 포함시킬까?
- 초록을 어떻게 끝맺음 할까?

당신은 이미 초록에 어떤 내용이 어떤 순서로 들어가야 할지 알고 있다.

두 가지 모델의 예를 보인다. 모델 2 초록이 모델 1 초록보다 더 일반적임에 유의하자.

모델 1인 요약 형식의 초록의 예를 살펴보면서 시작하자. 논문의 제목은 "Physical properties of petroleum reservoir fluids derived from acoustic measurements"이다. 'buble point'같은 단어를 이해하는데 어려움이 있더라도 염려하지 마라. 지금 순간에는 단지 일반적 이해를 구하고자 하면 되며 그 구조에 친숙해지려고 노력하면 된다.

모델 1

Abstract: The speed of sound in a fluid is determined by, and therefore an indicator of, the thermodynamic properties of that fluid. The aim of this study was to investigate the use of an ultrasonic cell to determine crude oil properties, in particular oil density. An ultrasonic cell was constructed to measure the speed of sound and tested in a crude oil sample. The speed of sound was measured at temperatures between 260 and 411 K at pressures up to 75 MPs. The measurements were shown to lead to an accurate determination of the bubble point of the oil. This indicates that there is a possibility of obtaining fluid density from sound speed measurements and suggests that it is possible to measure sound absorption with an ultrasonic cell to determine oil viscosity.

이제 보다 더 일반적인 모델 2의 예를 살펴보자. 이 논문의 제목은 "Effect of polymer coating on drug release"이다.

모델 2

> **Abstract:** This study investigated the use of a novel water-soluble polymer blend as a coating to control drug release. It was found that using a blend of methylcellulose and a water-soluble copolymer significantly slowed the release rate of ibuprofen compounds in vitro and allowed for a more consistent release rate of 10-20% per hour.

5.2 문법 및 작성 기법

초록은 논문 전체로부터 유도가 되므로 모든 문법이나 단어들은 이미 다른 단원에서 다룬 바와 같다. 그러나 초록에서 동사의 시제는 매우 중요하다. 이 절에서는 초록의 길이와 어법에 대해 다룬다.

5.2.1 동사의 시제

초록에서 시제는 매우 중요하다. 그 이유는 단어개수를 엄격하게 제한하므로 누구의 논문을 인용했다거나 당신 연구결과에 대해 당신이 어떻게 생각하는가 등을 언급하는 것은 자제해야 한다. 이는 동사의 시제를 아주 주의력 깊게 그리고 정확하게 사용해야 이루어질 수 있다.

문장 내에서 당신이 사용하는 동사의 시제는 문법적으로는 아무 문제가 없어서 편집자나 교정자도 모르고 당신의 주의력도 끌지 못할 수 있다. 하지만 시제를 적절하게 사용하지 못한다면 당신의 의도대로 문장이 이루어지지 않아 원하던 바가 전달되지 못하게 된다.

갭이나 문제점 등은 일반적으로 현재단순시제를 사용한다:

The main problem, however, is…

We examine why these models have difficulty with…

However, this assumption is not valid when…

This is complicated by…

However, this assessment cannot be based solely on…

Although it is known theoretically that…

논문에서 어떤 일을 했는지 혹은 어떤 내용이 논문에 들어있는지를 설명할 때에는 현재단순시제를 사용한다. 예컨대:

This paper presents a new methodology for…

In this paper we apply…

This study reports an improved design for…

In this paper we extend an existing approach to…

We consider a novel system of…

The implications for learning algorithms are discussed…

New numerical results are presented here for…

〈실험방법〉이나 연구기간동안 무엇을 했는가에 대해 언급할 때에는 과거단순시제를 사용하는 것이 일반적이다. 예컨대:

Two catalysts were examined in order to…

Samples were prepared for electron microscopy using…

A crystallizer was constructed using…

The effect of pH was investigated by means of…

The data obtained were evaluated using…

A permeameter was used to investigate…

당신 자신만의 〈방법〉에 대해서나 특히 당신 논문 자체에서 이론 계산이나 방정식에 대해 언급할 때에는 현재단순시제를 사용할 수 있다.

Numerical examples are analysed in detail…

The calculated wavelengths are compared to…

Several models are created using…

The accuracy is evaluated by…

A detailed comparison is made between…

The method is illustrated on blends of homopolymers…

〈결과〉는 현재단순시제 예컨대:

We find that oxygen reduction may occur up to 20 microns from the interface…

The model consistently underpredicts…

The ratio shifts towards…

We show that this theory also applies to…

The most accurate readings are obtained from…

We find that this does not vary…

These examples illustrate that overpotential is better described in terms of…

혹은 좀 더 일반적으로 과거단순시제를 사용한다. 예컨대:

The Y-type was found to produce…

The hydrocarbons showed a marked increase in…

No dilation was observed…

This was consistent with…

Organised fibers were found after 6 weeks…

These profiles were affected by…

This finding correlated with…

그러나 이들 문장이 두 가지 다른 시제를 사용할 수도 있음에 유념하라. 가령 문장의 첫 부분이 과거단순시제(We found/It was found etc.)를 사용하더라도 결과/발견사항을 그 문장에 넣고자 할 때에는 현재단순시제를 사용할 수 있다. 이 경우 독자들은 당신이 이 결과에 대해 진실이나 사실로 믿는 경향이 강하다고 느끼게 된다.

The experiments demonstrated there are two matrices…
It was found that proteins are produced from…
The results demonstrated that the morphology is different…
This image suggested that there is a direct relationship between…

한 문장에서 두 가지 다른 시제를 사용하게 되는 이유에 대해서는 1.2.1절의 서론과 3.4.2절의 결과에서 논의한 바 있다. 그곳에서 밝혔던 이유 외에 초록은 편집자가 제시하는 단어개수의 제한이나 독자의 주의력을 끌기 위해 논문의 내용을 아주 직접적으로 나타내려고 한다는 점이다. 이런 이유로 비록 본문 내에서는 과거시제로 설명을 했더라도 초록에서는 결과나 암시에 대해 현재시제를 사용한다.

〈결과〉는 〈논의/결론〉과 마찬가지로 현재완료시제로 표현된다.

We have obtained accurate quantitative LIF measurements…
This investigation has revealed that…
We have devised a strategy which allows…
We have demonstrated the feasibility of this approach by…
A novel material has been produced which…
Three-dimensional FE predictions have confirmed that…
Considerable insight has been gained concerning…

그리고 현재단순시제로 표현이 되기도 한다.

This process can successfully be combined with…
The framework described here is both simple and universal…

The value of our approach lies in…

This provides a powerful tool for…

This novel film is mechanically robust and is able to…

The algorithm presented here ensures that…

〈응용성〉은 보통 현재단순시제를 사용합니다.

This process is suitable for the production of…

This framework can be used to evaluate…

This approach can be applied to…

This demonstrates potential for general applicability to…

These profiles may serve as a predictor for…

This framework can be used to evaluate…

5.2.2 길이(Length)

초록은 아주 엄격한 단어개수 제한을 받는다. 대부분의 경우 80-150개의 단어 이내로 작성해야 하며 주로 한 개의 단락으로 이루어진다. 좀 더 길어서 150-250개의 단어가 허용되더라도 하나의 단락으로 구성된다. 지정된 길이보다 더 길게 작성하여 투고하게 되면 편집자가 임의로 길이를 조절하게 되므로 당신이 전달하고자 하는 바가 완전하게 전달이 되지 않을 수도 있다.

초고인 경우에는 너무 단어개수 제한에 얽매이지 마라. 두 가지 초록 모델 중 어느 것을 사용할지 정한 후 당신이 중요하다고 생각하는 것부터 시작하여 그다지 중요하지 않다고 생각되는 단어나 구 혹은 문장을 제거해 나가라.

초록은 폭 넓은 청중을 동원하기 위해 논문의 지식 깊이보다는 좀 더 낮추어 작성된다. 즉 독자 중 일부는 당신이 표현하고자 하는 특정한 기술적 내용이나 약성어(acronym)에 대해 잘 모를 수도 있다는 뜻이다. 이런 문제를 해결하려면 초록에서 사용하는 기술용어나 약어들에 대한 설명이 첨부되어야 한다.

Granules of hydroxyapatite (HA) were implanted.

5.3 글쓰기 작업: 모델 만들기 (Writing task: Building a model)

5.3.1 모델 만들기

초록에 관한 모델을 만들 준비로서 표 5.1에 제공되는 오른쪽 공간의 각 문장에서 저자가 무슨 일을 하는지에 대해 간단하게 요약을 해 보자. 초록의 모든 요소들이 이미 다른 단원에서 다 언급이 되었기 때문에 초록용 모델 만들기는 아주 쉬울 것이다. 이전과 마찬가지로 〈실마리〉는 그 다음에 나온다.

❑ 가이드라인

두 가지 형식의 초록을 설명하기 위해서는 두 개의 모델이 필요하다. 문장형식에는 이미 예전 단원들에서 익숙해졌기 때문에 10-20분 정도의 시간만 할애하면 충분할 것이다. 당신이 만드는 모델은 실제 초록으로 변환될 때 그 가치를 인정받는 것이므로 구체적인 단어들을 포함하지 않도록 해야 한다. 그렇지 않으면 모델로서의 역할을 하기가 힘들 것이다.

저자가 문장에서 무슨 말을 하는가보다 어떤 일을 하는가를 찾아낼 수 있는 한 가지 방법은 그 문장이 실수로 컴퓨터에서 사라졌다고 가정하는 일이다. 독자의 입장에서 본다면 이럴 경우 어떤 느낌이 들까? 만약 당신이 어떤 키를 눌러서 그 문장이 다시 회복된다면 그 정보에 당신은 어떤 반응을 하게 될까?

앞 절에서도 언급하였듯이 저자가 어떤 일을 하는지를 이해하는 다른 방법은 문법과 어휘를 살펴보는 것이다. 주동사의 시제는 무엇인가? 주로 어떤 시제를 사용하는가? 지금 보는 문장의 시제가 앞 문장의 시제와 동일한가? 그렇지 않다면 저자는 무엇 때문에 시제를 바꾸었을까? 어떤 단어를 저자는 사용하고 있는가?

현재로서는 당신이 완벽한 모델을 만들었다고 하더라도 그 모델을 당신이 읽고 있는 잡지의 논문에 나오는 초록과 비교한다면 수정을 해야 할 것이다. 특히 두 번째 모델은 특히 더 그러할 것이다.

**** 표 5.1 초록 모델 만들기 연습 예**

모델 1

Physical properties of crude oil from acoustic measurements *Abstracts*	In this sentence, the writer:
1 The speed of sound in a fluid is determined by, and therefore an indicator of, the thermodynamic properties of that fluid. **2** The aim of this study was to investigate the use of an ultrasonic cell to determine crude oil properties, in particular oil density. **3** An ultrasonic cell was constructed to measure the speed of sound and tested in a crude oil sample. **4** The speed of sound was measured at temperature between 260 and 411 K at pressures up to 75MPs. **5** The measurements were shown to lead to an accurate determination of the bubble point of the	1 ____________ 2 ____________ 3 ____________ 4 ____________ 5 ____________

oil. **6** This indicates that there is a possibility of obtaining fluid density from sound speed measurements and suggests that it is possible to measure sound absorption with an ultrasonic cell to determine oil viscosity.	6 ____________________

5.3.2 실마리(Key)

문장 1인 'The speed of sound in a fluid is determined by, and therefore an indicator of, the thermodynamic properties of that fluid.' 에서 저자는 기초배경지식을 제공한다.

❑ 어떤 종류의 기초배경지식을 제공해야 할까?

이런 종류의 초록 서두에 나오는 배경기초지식은 〈서론〉의 첫 번째 문장과 연관이 있는 것이 보통이다.

일부 특정 초록에서는 사실적 기초지식에 관한 정보를 제공하기도 한다. 다른 형태의 기초지식도 가능하다; 예를 들자면 폐수처리나 대기오염에 관한 연구라면 정치적 배경지식을 언급하는 것도 유용하다.

❑ 어느 정도의 배경지식을 제공해주어야 할까?

일부 저널에는 초록에 배경지식/방법/결과/결론 같은 부제목들이 있을 수도 있다. 이런 경우 단어개수가 각 부제목 당 균등하게 배분이 되지만 그렇지 않다면 분배방법은 저자에게 일임이 되어서 각 부제목 당 분량은 자유스럽게 바뀌기도 한다. 초록만으로 내용을 이해하기 위해서는 아주 많은 배경지식이 필요하다고 느낀다면 서로 적절한 위치에서 그들을 결합하고 가능한 한 적은 개수의 단어들로 요약하려고 노력해 보아라. 초록의 초점은 〈방법〉이나 〈결과〉절과 초점과 유사하므로 배경기초지식은 한두 문장으로 한정하도록 하라.

❑ 초록에서 다른 사람의 연구논문은 인용해도 될까?

직접 논문을 인용하는 일은 드물지만 배경 연구에 관한 지식은 필요하다. 만약 당신의 논문 내용이 기존 출판된 논문의 방향을 정확하게 따른다거나 특정 작업이나 이론에 관한 반목점이나 큰 진전 등이 있다면 그에 상응하는 논문을 인용하는 것이 더 좋다.

> **문장 2**인 'The aim of this study was to investigate the use of an ultrasonic cell to determine crude oil properties, in particular oil density.' 에서 저자는 한 문장 안에 방법, 일반적인 목표 그리고 구체적인 목표까지를 다 포함시켰다.

초록 전체의 길이를 줄이는 방향으로 문장들을 결합하여라. 배경기초지식과 목표 혹은 이 논문에서 무얼 할 것인지 혹은 무엇을 조사할 것인지를 결합시켜 단어의 개수를 줄여라. 그렇게 하면 그 문장은 하나 이상의 목적을 가지게 된다. 'in order to determine X we did Y'같은 문장은 목표와 방법을 한 문장에 담은 예이다.

> **문장 3**과 **4**인 'An ultrasonic cell was constructed to measure the speed of sound and tested in a crude oil sample. **4** The speed of sound was measured at temperature between 260 and 411 K at pressures up to 75 MPs.' 에서 저자는 방법에 대해 요약을 하면서 세부사항도 제공한다.

❑ 얼마만큼의 세부사항을 제공해야 할까?

이는 그 세부사항이 얼마나 중요한가에 달려있다. 이 예에서는 방법이 이 연구의 제일 중요한 주제이다. 이 연구의 목표는 'to investigate the use of an ultrasonic cell (문장 2)'이다. 당신 연구의 가장 중요한 기여도가 방법론의 세부사항이라면 초록에서 그것에 대해 언급하는 것은 당연한 일이며 때로는 수치까지 제공해도 된다. 온도, 압력, 시간, 두께 그리고 심지어는 광흡수량 데이터까지 주어지는 문장들도 종종 발견된다. 그러나 대부분의 초록은 방법론에 치중하지는 않으므로 초록에서도 방법론에 대한 요약만 제공한 후 〈결과〉절에서 이에 대해 자세하게 설명하면 된다.

문장 5인 'The measurements were shown to lead to an accurate determination of the bubble point of the oil.' 에서 저자는 이 연구의 성과에 대해 설명한다.

초록의 가장 중심이 되는 기능 중 하나는 이 연구에서 이룬 새롭고 중요한 업적에 대해 강조하는 것이다. 대부분의 초록은 이 연구의 가치를 시험하기 위해 일단 여기서는 긍정적 관점으로 언급한다.

문장 6인 'This indicates that there is a possibility of obtaining fluid density from sound speed measurements and suggests that it is possible to measure sound absorption with an ultrasonic cell to determine oil viscosity.' 에서 저자는 이 연구의 암시내용에 대해 설명한다.

이 연구에서 암시하는 내용이 이 연구분야의 지식이나 정보에 어떻게 기여를 하는가를 보여주는 것이 초록의 또 다른 중요한 사항이다. 그리고 이런 암시는 연구의 목적 또는 이 연구가 갖고 있는 문제점 등으로부터 유도가능하다(The aim of this study was to investigate the use of an ultrasonic cell to determine crude oil properties, in particular oil density).

여러 가지 종류의 암시들을 언급할 수 있다; 예컨대 관련성이 있는 문제점에 관한 암시나 당신이 발견한 내용 중에 들어있는 이전 연구내용에 관한 암시 등이다.

❑ 이런 암시는 온화한 표현법이다–'possible'같은 단어를 사용해도 될까?

'It may therefore be the case that' 같은 구와 3.2.4절에서 보았던 구들은 초록에서 잘 사용되지 않는다. 결과, 암시, 성과 등은 보통 강하게 시작을 하여 독자들로 하여금 초록의 나머지 부분을 호의적인 입장에서 읽도록 만들고 결론을 받아들이도록 만든다. 가능성있는 제한성과 한계점을 포함하는 암시에 대한 논의나 질적 평가는 논문 그 차체에서 이루어지도록 남겨두는 것이 일반적이다. 그러나 초록에서 보고한 내용은 논문에서 언급하는 내용과 일치해야 한다. 당신 연구가 돌파구의 시발점을 나타내거나 암시 내용에 대해 확신이 없을 때에는 'could/might/may'같은 조동사를 사용하거나 'possible' 같은 단어를 사용해도 된다.

❑ 만약 나의 연구에 문제점이 있다면 어떻게 해야 할까? 그 문제점을 초록에서 언급해야 할까?

그 문제점이 매우 중요하다면 그렇게 해야 한다. 그러나 아주 간단하게 언급해야 한다. 어떤 일이 'will be discussed'같은 표현은 사용하지 않는 것이 더 좋다. 초록은 당신 결과물의 정확한 세부사항을 제공/요약해 주어야 한다. 중요한 암시나 데이터 그리고 결과물은 나중을 위해 남겨두지 말고 반드시 포함되어야 한다. 초록에서 자주 등장하는 일은 아니지만 문제점도 중요하다면 포함시켜야 하고 앞으로의 연구방향도 포함시켜야 한다.

모델 2

Effect of polymer coating on drug release *Abstracts* **1** This paper reports the use of a novel water-soluble polymer blend as a coating to control drug release. **2** It was found that using a blend of methylcellulose and a water-soluble copolymer significantly slowed the release rate of ibuprofen compounds in vitro and allowed for a more consistent release rate of 10-20% per hour.	In this sentence, the writer: 1 ________________ 2 ________________

> **문장 1**인 'This paper reports the use of a novel water-soluble polymer blend as a coating to control drug release.'에서 저자는 이 논문에서 한 일(this paper reports), 사용한 재료(water-soluble polymer blend), 기여도(novel), 그리고 연구의 목표(to control drug release)를 결합해 두었다.

초록에 논문의 내용을 그대로 복사해 두는 것이 왜 바람직하지 못한가를 보여주는 것이다. 초록에서는 단어개수 제한을 주므로 한 문자에서는 방법론에 대해 언급하고 다른 문장에서는 연구목표에 대해 설명할 수 없다. 그러므로 이런 일들을 결합하는 방법에 대한 연습이 필요하다. 두 가지 사항을 결합한 예인 다음 문장을 살펴보자.

GAP/ACHIEVEMENT(**차이점/성과**)

In contrast to traditional approaches to water distribution planning based on cost, the model proposed here allows issues such as quality of supply to be considered.

ACHIEVEMENT/METHOD(성과/방법)

A substantial increase in catalyst productivity was achieved by nanofiltration-coupled catalysis.

PROBLEM/METHOD(문제점/방법)

In order to select the optimum strategy in an environment with multiple objectives, a decision-aid tool for optimal life-cycle assessment was used.

문장 2인 'It was found that using a blend of methylcellulose and a water-soluble copolymer significantly slowed the release rate of ibuprofen compounds in vitro and allowed for a more consistent release rate of 10-20% per hour.'에서 저자는 방법론에 대해 더 자세하게 설명하면서 결과에 관한 수치 데이터까지 제공하다.

비록 초록이 그 길이는 짧더라도 이 논문에서 한 일 전체 내용을 반드시 포함하여 잠정적 독자들에게 이 논문이 자신의 필요성을 충족하는지에 대한 정보를 제공해주어야 한다. 만약 독자들이 당신이 사용한 모의시험(simulation), 해석적 모델(analytic model), 원형 제작(prototype construction), 혹은 실험 데이터 분석 등을 제공하지 않으면 독자들이 그 논문을 읽을지 여부를 결정하기 힘들다면 그런 자료를 초록에서 제공해주어야 한다. 한 가지 변수만 아니라 다양한 변수들을 가지고 아주 많은 실험으로 얻어진 데이터라면 그에 관한 정보도 포함시켜야 한다. 이 예에서 보인 'a more consistent release rate of 10-20% per hour' 같은 내용은 초록에 반드시 포함이 되어야 한다.

❑ 결과의 세부사항을 어디까지 포함시켜야 할까?

이런 형식의 초록에서 가장 중요한 요소는 결과일 것이다. 따라서 핵심 결과에 대한 구체적인 사항을 제공해 주어야 할 것이다. 'small' 이나 'better'같이 모호한 단어는 피하라. 명확한 숫자를 제공하려면 오해의 소지를 제거하기 위해 'only 38%' 혹은 'as high as 15%' 같이 양적인 내용을 제공해주어야 한다. 그래서 위의 예에서 저자는 단지 'a more consistent release rate'만 사용하지 않고 보다 더 실질적인 'a more consistent release rate of 10–20% per hour'을 포함시킨 것이다. 같은 이유로 'various methods were used' 같이 불명확한 단어를 이용하여 방법론을 기술하지 마라.

5.3.3 모델(The Model)

앞 절에서 선보인 문장들을 요약하면 다음과 같다.

〈모델 1〉

문장 1	저자는 기초배경지식을 제공한다.
문장 2	저자는 한 문장 안에 방법, 일반적인 목표 그리고 구체적인 목표까지를 다 포함시켰다.
문장 3과 4	저자는 방법에 대해 요약을 하면서 세부사항도 제공한다.
문장 5	저자는 이 연구의 성과에 대해 설명한다.
문장 6	저자는 이 연구의 암시내용에 대해 설명한다.

〈모델 2〉

문장 1	저자는 이 논문에서 한 일, 사용한 재료, 기여도, 그리고 연구의 목표를 결합해 두었다.
문장 2	저자는 방법론에 대해 더 자세하게 설명하면서 결과에 관한 수치 데이터까지 제공하다.

두 가지 다른 모델을 구성하기보다는 다음에 나오는 박스 내에서 설명하는 모델의 구성요소가 두 가지 형태의 초록 모두를 설명할 수 있다. 우리가 모은 두 가지 문장형식을 간소화하여 5가지 기본 요소를 갖는 모델로 만들었다.

좀 더 구조적인 〈모델 1〉은 아래 박스의 처음 4가지 성분을 순서대로 포함한다; 모델 1의 초록은 각 성분들이 서로 독립적으로 배치되고자 한다. 이런 모델이 때로는 5번째 성분인 한계 그리고/혹은 미래 작업까지도 포함하기도 한다.

〈모델 2〉는 다음 박스 내 두 세 가지 성분만 포함하며 모든 성분을 한 문장에 다 포함하려 한다. 성분은 일반적으로 결과 혹은 성과 그리고 때로는 방법 등이다. 이들 포함 성분은 연구분야와 특수성 정도에 따라 달라진다. 광범위한 주제인 경우에는 초록에 배경지식과 목표가 포함되기도 한다. 모델 2에서는 성분의 순서는 매우 가변적이다. 한 가지 고정된 형식은 방법론이 결과보다 먼저 나온다는 정도이다.

1	배경지식(background) 목표(aim) 문제점(problem) 이 논문에서 한 일(what the paper does)
2	방법론/재료(methodology/materials)
3	결과(results) 성과/기여도(achievement/contribution)
4	응용성(applications)
5	한계성(limitations) 미래의 작업(future work)

5.3.4 모델 시험하기(Testing the model)

다음 단계는 몇 가지 실제 초록에서 우리 모델이 어떻게 작용하는지를 살펴보는 것이다. 이들을 세심하게 읽은 후 앞의 모델 성분(1,2,3, 또는 4)에 해당된다고 여겨지는 부분에 표식을 달아보아라. 예컨대 첫 번째 문장이 모델의 성분 1에 해당된다고 생각되면 문장 끝부분에 숫자 1을 달아라.

Effects of H_2O on structure of acid-catalyzed SiO_2 sol-gel films

Abstract

Thin silica films were deposited on silicon wafers by the sol-gel technique, using spin coating. The sols were prepared by HCl catalysis of tetraethylorthosilicate (TEOS) diluted in ethanol, using different molar ratios, R, of H_2O:TEOS. The films were then baked at various temperatures, and characterized using ellipsometry, profilometry, optical scattering and infrared spectroscopy. It was found that the thickness, shrinkage, porosity and pore sizes all decrease with increasing R. it was also found that high water levels yield films of higher homogeneity and finer texture, and less tensile stress.

Limitations of charge-transfer models for mixed-conducting oxygen electrodes

Abstract

A framework is presented for defining charge-transfer and non-charge-transfer processes in solid state electrochemical systems. We examine why charge-transfer models have difficulty modelling non-charge-transfer effects, and walk through several examples including the ALS model for oxygen reduction on a porous mixed-conducting oxygen electrode. These examples illustrate that electrode 'overpotential'is often better described in terms of macroscopic thermodynamic gradients of chemical species. In the case of a porous mixed conducting oxygen electrode, oxygen reduction is limited by chemical reaction and diffusion, and may occur up to 20 microns from the electrochemical (charge-transfer) interface.

OPTIMIZATION AND SENSITIVITY ANALYSIS FOR MULTIRESPONSE PARAMETER ESTIMATION IN SYSTEMS OF ORDINARY DIFFERENTIAL EQUATIONS

Abstract

Methodology for the simultaneous solution of ordinary differential equations (ODEs) and associated parametric sensitivity equations using the Decoupled Direct Method (DDM) is presented with respect to its applicability to multiresponse parameter estimation for systems described by nonlinear ordinary differential equations. The DDM is extended to provide second order sensitivity coefficients and incorporated in multiresponse parameter estimation algorithms utilizing a modified Newton scheme as well as a hybrid Newton/Gauss-Newton optimization algorithm. Significant improvements in performance are observed with use of both the second order sensitivities and hybrid optimization method. In this work, our extension of the DDM to evaluate second order sensitivities and development of new hybrid estimation techniques provide ways to minimize the well-known drawbacks normally associated with second-order optimization methods and expand the possibility of realizing their benefits, particularly for multiresponse parameter estimation in systems of ODEs.

Semi-continuous nanofiltration-coupled Heck reactions as a new approach to improve productivity of homogeneous catalysts

Abstract

Substantial increase in homogeneous catalyst productivity for a well known Heck coupling was achieved by nanofiltration-coupled catalysis. The use of nanofiltration membranes enabled catalyst separation and allowed subsequent catalyst recycle and reuse. This new technique demonstrated potential for general applicability to homogeneously catalyzed organic syntheses.

Ras isoforms vary in their ability to activate Raf-1 and phosphoinositide 3-kinase

Ha-, N-, and Ki-Ras are ubiquitously expressed in mammalian cells and can all interact with the same set of effector proteins. We show here, however, that in vivo there are marked quantitative differences in the ability of Ki- and Ha-Ras to activate Raf-1 and phosphoinositide 3-kinase. Thus, Ki-Ras both recruits Raf-1 to the plasma membrane more efficiently than Ha-Ras and is a more potent activator of membrane-recruited Raf-1 than Ha-Ras. In contrast, Ha-Ras is a more potent activator of phosphoinositide 3-kinase than Ki-Ras. Interestingly, the ability of Ha-Ras to recruit Raf-1 to the plasma membrane is significantly increased when the Ha-Ras hypervariable region is shortened so that the spacing of the Ha-Ras GTPase domains from the inner surface of the plasma membrane mimics that of Ki-Ras. Importantly, these data show for the first time that the activation of different Ras isoforms can have distinct biochemical consequences for the cell. The mutation of specific Ras isoforms in different human tumors can, therefore, also be rationalized.

이제 동일한 작업을 참고로 하는 논문에서도 시행해 보아라. 우리가 만든 모델에 관해 아주 굳건한 믿음을 얻기를 바라며 이 단원의 서두에서 했던 3가지 질문에 답할 수 있기를 바란다.

- 초록의 시작을 어떻게 할 것인가? 어떤 형식의 문장으로 시작할까?
- 어떤 종류의 정보를 어떤 순서로 초록에 포함시킬까?
- 초록을 어떻게 끝맺음 할까?

5.4 어휘(Vocaburary)

초록을 작성하는데 필요한 대부분의 정보는 이미 다 가지고 있는데 그 이유는 다른 단원들에서 이미 필요한 단어/구들을 다 언급했기 때문이다. 하지만 초록은 논문의 본문을 읽는 사람들보다 더 광범위한 사람들을 이해시켜야 하므로 초록은 더 간단하게 더 쉬운 용어들을 사용하려는 경향을 갖는다. 그러므로 모델의 각 분야에서 가장 적당한 어휘들을 살펴볼 것이다.

이 절에 나오는 어휘는 서로 다른 분야 600개의 초록에서 발췌한 것이며 그 전부는 원어민들이 작성한 과학논문에서 나온 것들이다. 자주 나타나는 단어/구들을 주로 골랐다. 즉 모든 단어들은 저자나 편집자 모두가 잘 사용하고 신뢰할만한 구나 단어들이란 의미이다.

다음 절에서 다음과 같은 분야에서 통상적으로 사용되는 어휘들을 살펴볼 것이다.

5.4.1 어휘작업

이 단원과 당신이 참고로 하는 논문의 〈초록〉부분을 잘 살펴보아라. 모델의 각 부분에 해당된다고 생각되는 단어/구 부분에 밑줄을 그어 보아라.

유용한 모든 어법은 다음 페이지에 나올 것이다. 이 어법들은 당신이 밑줄을 쳤던 모든 단어/구들의 모임이 된다. 각 리스트 박스 아래에는 이 단어/구들이 어떻게 사용되는지를 예를 들어 보여준다. 리스트를 자세히 본 후 사전에 나오지 않는 단어의 의미를 확인하여라. 이 리스트는 오랫동안 아주 유용할 것이다.

5.4.2 〈초록〉에 사용되는 어휘들

1. 배경지식(background)

1.4.2절에 이 어휘들이 어떻게 사용되는지 더 자세하게 나와 있다.

a number of studies	it is known that
exist(s)	it is widely accepted that
frequently	occur(s)
generally	often
is a common technique	popular
is/are assumed to	produce(s)

is/are based on is/are determined by is/are influenced by is/are related to it has recently been shown that	recent research recent studies recently recently-developed

목표(aim)

1.4.2절과 2.4.2절에서 더 자세한 내용을 볼 수 있다.

in order to our approach the aim of this study to compare	to examine to investigate to study with the aim of

문제점(problems)

1.4.2절을 보면 더 자세하게 알 수 있다.

(an) alternative approach a need for although complicated desirable difficulty disadvantage drawback essential expensive however	impractical inaccurate inconvenient it should be possible to limited not able to problem require risk time-consuming unsuccessful

이 논문에서 한 일(what the paper does)

In this study/paper/investigation we 혹은 We	This study/paper/investigation
address	considers
analyze	describes
argue	examines
compare	extends
consider	includes
dcscribe	presents
discuss	reports
emphases	reviews
examine	
extend	
introduce	
present	
propose	
review	
show	

참조: 이 단어들 대부분은 'it'과 함께 사용하여 'In this paper **it** is shown/argued that ...'로 표현하거나 혹은 수동형태로 'A framework **is** presented' 같이 사용할 수도 있다.

2. 방법론/재료(methodology/materials)

was/were assembled	was/were modelled
was/were calculated	was/were performed
was/were constructed	was/were recorded
was/were evaluated	was/were studied
was/were formulated	was/were treated
was/were measured	was/were used

3. 결과(results)

3.4.2절을 참조하면 더 자세한 내용과 사용 예들도 볼 수 있다.

caused decreased had no effect increased it was noted/observed that... occurred produced resulted in was identified	was/were achieved was/were found was/were identical was/were observed was/were obtained was/were present was/were unaffected (by) yielded

성취도/기여도(achivement/contribution)

4.4.2절을 참조하면 더 자세한 내용과 사용 예들도 볼 수 있다.

accurate better consistent effective enhanced exact improved new novel significant simple suitable superior	achieve allow demonstrate ensure guarantee obtain validate compare well with for the first time in good agreement

암시성(implications)

3.4.2절을 참조하면 더 자세한 내용과 사용 예들도 볼 수 있다. 그러나 초록에서 약해 보이는 표현인 'seem to suggest' 혹은 'tend to be related to' 같은 말은 사용하지 말기 바란다.

The evidence/The results... indicate(s) that mean(s) that suggest(s) that	it is thought that we conclude that we suggest that can may

4. 응용성(application)

4.4.2절을 참조하면 더 자세한 내용과 사용 예들도 볼 수 있다.

applicability can be applied can be used	make it possible to potential use relevant for/in

5. 한계성/미래 작업(limitation/future work)

한계성과 미래 작업에 대해서는 초록에 아주 드물게 나타나며 만약 언급하더라도 아주 간단하게 한다. 2.4.2절, 3.4.2절 그리고 4.4.2절을 참조하면 예제까지 다 볼 수 있을 것이다.

a preliminary attempt not significant slightly	future directions future work

5.5 〈논의/결론〉절 작성하기

다음 작업을 할 때 당신은 이 단원에서 배운 모든 정보를 다 동원하게 될 것이다. 당신은 모델의 형식을 따라서 지금까지 배운 어휘와 문법을 이용하여 〈초록〉을 작성하게 될 것이므로 5.3.3절의 모델과 5.4절의 어휘를 다 준비해 두었는지 확인해 보기 바란다.

이 단원에서 두 가지 초록 모델을 보았으며 보편적으로 사용되는 어휘도 수집을 마쳤다. 논문 작성 시 문장 패턴도 항시 편의적(conventional)이어야 할 것이다. 따라서 이 단원과 당신이 참조로 하는 논문의 초록 문장 패턴으로 이용하여 보아라.

모델 답안이 실마리(Key)란에서 제공이 되겠지만 가능하다면 원어민에게 당신 자신이 만든 답안이 적절한 어휘를 사용하고 있는지를 확인해보기 바란다.

5.5.1 〈초록〉 작성하기

〈논의/결론〉 작성을 위해 4.5.1절에서 사용했던 연구논문의 초록을 만들어 보자. 단원 4의 끝 부분에 나와 있는 실마리(key)의 〈논의〉 부분까지 포함해서 전문을 여기에 다시 실어둔다.

> Imagine that you and your team have designed a machine which can remove chewing gum from floors and pavements by treating the gum chemically to transform it into powder and then using vacuum suction to remove it.

거리에 버린 껌 제거는 중요한 환경문제라고 언급하면서 〈서론〉을 시작하였다. 그런 다음 껌의 실제 구성성분[1,2]을 밝히고 껌이 바닥에 눌어붙는 방법[6]에 대해서도 언급하였다. 그런 후 현존하는 껌 제거 기계에 대해 설명하면서 현존하는 기계들[3,4]은 바닥에 상처를 남기지 않고서는 껌을 제거하지 못한다고 주장하였다.[10] 화학성분을 사용하여 껌을 분해할 수 있다고 주장한 Gumbo 등의 주장을 인용하였다.[5] 서론의 끝 부분에서 당신 연구그룹이 "껌안녕히"라는 껌제거 기계를 개발했다고 밝혔다. "껌안녕히"는 무해한 화학성분을 껌에 분사하여 껌을 분말로 만든다고 했다. 그런 후 그 기계는 바닥에 아무런 상처를 남기지 않고 진공청소기로 분말화된 껌을 흡입한다고 했다.

〈방법〉론 부분에서 그 기계의 디자인과 제작에 대해 설명하였다. 당신이 만든 "껌안녕히"를 기존의 두 가지 껌제거 기계인 "껌흡입"[3], "흡입껌"[4]과 비교하였다. 그런 후 "껌안녕히"의 성능을 시험하는 일련의 실험결과들을 소상하게 제공하고 껌제거 시 바닥의 상태시험 결과도 제공하였다.

〈결과〉절에서 이런 결과들을 자세하게 나타내었다. 세 가지 기계의 성능을 비교하여 나타내었다. 당신의 결과는 아주 우수하였으며 그 결과는 다음과 같았다.

** **표 1 총 껌에 대한 껌 제거 비율**

	껌흡입	흡입껌	껌안녕히
나무바닥	77	73	80
돌바닥	78	78	82
카펫바닥	56	44	79

** **표 2 바닥 흠집/얼룩**

	껌흡입	흡입껌	껌안녕히
나무바닥	최소	최소	없음
돌바닥	심각	약간	없음
카펫바닥	심각	심각	최소

논의

껌제거 기술은 이전부터 어떻게 하면 바닥에 아무런 상처를 주지 않으면서 껌을 제거하는가 하는 문제에 직면해 있는 실정이다. 현존하는 껌제거기인 "껌흡입", "흡입껌" 등은 바닥의 껌을 제거하기 위해 열과 스팀공기를 분사하므로 효과적인 제거는 가능하지만 바닥에 흠집과 얼룩을 남기게 된다. 특히 카펫의 경우에는 이 얼룩이 매우 심각한 문제이다.[10]

이 연구에서 고유한 껌제거기인 "껌안녕히"의 디자인과 제작과정에 대해 설명한다. "껌안녕히"는 무해한 약품을 분사하여 껌을 분말로 바꾼 후 그 가루를 진공청소기로 빨아들이므로 얼룩이 남지 않는다. 이번 시도에서 "껌안녕히"는 모든 종류의 바닥에서 별다른 상처를 남기지 않은 채 높은 확률로 껌을 제거하였다. 시험한 바닥에는 카펫도 포함이 되어 있으므로 이는 이 기술이 상업화도 가능함을 의미한다.

"껌안녕히"를 사용하여 모든 종류의 바닥으로부터 껌을 제거한 비율은 다른 모든 기계보다 월등하게 높았다. 이 경향은 카펫바닥의 경우 더욱 뚜렷하였으며 $400m^2$의 면적에서 기존 기계는 56% 제거한데 비해 본 기계는 79%의 껌을 재거하였다. 이는 제거된 껌의 양적 면에서도 아주 뛰어난 결과이다. 우리 연구결과는 Gumbo et al. 이 제시한 이론을 확인한 것이다. 그의 이론에 의하자면 화학약품으로 껌을 분말로 바꾼 후 진공청소기로 제거 가능하다고 하였다.[5]

현존하는 껌제거기에 비해 가장 우수한 점은 두 가지 기술을 한 기계에 병합했다는 점이다. 껌을 분말화한 후 진공청소기로 껌을 제거하는 동안의 지연시간을 줄여주어서 껌으로 인해 바닥에 생기는 얼룩까지도 상당하게 줄일 수 있었다는 것이다. 이는 껌을 제거한 후 얼룩을 제거하거나 바닥의 상처를 복원하는 과정을 생략할 수 있게 해주는 새로운 접근법이다.

앞에서 언급했듯이 kW 미만의 전기(진공청소기용 400W)만으로도 "껌안녕히"는 동작을 한다. 껌제거 비율은 더 증대하고 바닥흠집은 거의 없는 껌제거용 출력조절에 관한 연구가 계속 더 진향이 되어야 할 것이다.

5.5.2 실마리(Key)

다음에 표준 답안을 제공한다. 각 문장이 모델의 어떤 부분에 해당하는지를 살펴가면서 세심하게 읽기 바란다.

모델 1

Abstract

The fats and resins in chewing gum contribute to elasticity, bulk and texture but also increase staining. The aim of this study was to design a gum removal machine able to remove gum chemically with no stain residue. A machine, GumGone, was designed and constructed, which injected non-ionic detergent into gum deposits using a power spray and then immediately vacuumed the resulting powder. It was found that 1μl of detergent achieved effective, stain-free removal over a $300m^2$ area. Performance was superior to existing systems and suggests that the delay between treatment and removal is a significant factor in staining.

모델 2

Abstract

This paper reports the design of a gum removal machine, GumGone, which combines non-ionic detergent treatment with immediate vacuum removal to minimize stain residue. Tests were conducted over a $300m^2$ area and removal levels of between 79% to 80% were achieved. Residual staining levels were superior to existing systems.

5.6 제목 만들기(Creating a title)

5.5절에서 초록보다는 제목을 그리고 본문보다는 초록을 더 많은 사람들이 읽을 것이라고 했었다. 초록과 마찬가지로 제목은 독자들에게 이 논문이 자기들에게 유용한지 여부를 알려주는 역할을 하기 때문이다. 좋은 제목은 독자들을 끌리게 만들고 더 중요하게는 적절한 독자들을 모으게 만든다. 그 역설인 제목이 좋지 않으면 합당한 관중을 모으지 못한다는 것도 사실이다.

I don't know how to start constructing a title

제목 구성을 어떻게 시작해야할지 모르겠다면, 당신 연구의 목표나 해답을 찾고자 하는 의문점을 먼저 살펴보아라. 그 의문점이나 문제점을 제목으로 전환하고자 노력해 보아라. 예컨대

What is the difference between *x* and *y*?

는 다음과 같이 되고,

A comparison of *x* and *y*
How does *x* affect *y*?

는 다음과 같이 된다.

The effect of *x* on *y*

❑ 그러면 좋은 제목은 무엇일까?

제목은 가능한 한 정확하게 그 논문의 내용을 예견하여 설명할 수 있어야 한다. 당신 논문 이 사례연구(case study)라면 그 제목은 다음과 같은 개념을 포함해야 한다:

Crack propagation in a pressurized pipe
(압력을 받고 있는 파이프의 균열 전파)

그 제목이 다음 의미를 갖는다면 더 일반적인 의미가 될 것이다.

Crack initiation in pressurized pipe
(압력을 받고 있는 파이프에서 균열이 생성되기 시작함.)

제목은 연구논문 검색엔진에서도 쉽게 주제가 검색될 수 있는 핵심 단어를 포함해야 한다. 문장으로 들어갈 필요는 없지만 납득할만한 단어가 들어가야 한다.

제목에 의미 없는 문법논쟁이 있을 수도 있다. 제목 작성용 핵심 단어를 사용할 때 복잡한 명사 나열을 금하라. 나열형 명사들은 비영어권 사람들에게는 매우 끌리는 작업이긴 하지만 영어는 그런 조합에 너무 다양한 의미를 갖고 있으므로 모호함이 생기지 않도록 조심해야 한다. 나열형 명사들의 제일 오른쪽 명사가 진정한 명사이고 그 외 다른 왼쪽에 나오는 명사 전체는 형용사처럼 제일 오른쪽 명사의 의미를 수식하는 용도이다. 나열형 명사를 구성하는 명사들 사이에는 당신이 모르는 다음과 같은 관계가 존재한다:

- an oil **can is a can** which may contain oil … or it may be empty, but its normal use is to contain oil
- an oil can **opener is an opener** for cans which may contain oil
- an oil can opener repair **man is a man** who is able to repair cans which may contain oil
- an oil can opener repair man training **programme is a programme** to train men to repair openers for cans which may contain oil
- an oil can opener repair man training programme funding **problem is a problem** with the funding for the training pro-

gramme to train men to repair openers for cans which may contain oil

제목에서 뿐만 아니라 전반적으로 문제가 되는 또 다른 문법상 주의해야 할 점은 'by, with, on, in, for'등의 전치사 사용법이다. 전치사는 단어들을 묶어주는 풀과 같은 역할을 하는 것은 아니다. 전치사는 단어의 뜻을 현격하게 다르게 만든다. 그리고 이런 역할은 제목에서 더욱 빛을 발하게 된다. 예컨대 전치사 'with'는 'using'이나 'having'의 의미로 사용된다. 'Evidence **for** something'은 현존하는 혹은 존재하는 something을 지지하거나 확인하려는 경향을 갖는 의미이다. 즉 'Evidence **for** something'은 그 존재를 직접 관측 가능하다는 신호이다.

Filtering of code phase measures **from** dual-frequency gps receivers

는 다음과 같다.

Filtering of code phase measures **in** dual-frequency gps receivers

그리고

Sensory components controlling bacterial nitrogen assimilation

는 다음보다 훨씬 명료하다.

Sensory components in bacterial nitrogen assimilation

전치사 취급은 매우 복잡한 문제이고 제목에서 이런 실수를 하면 이는 매우 중요한 문제이므로 전치사를 너무 많이 사용하는 제목은 사용하지 말고 영어권 사람들에게 투고하기 전에 확인을 해보기 바란다.

좋은 제목은 통상 간결하다. 문장을 'A study of...'나 'An investigation into' 같은 구문들로 시작하는 것은 일반적이지 못하다. 제목은 아주 정규적인 표현을 많이 사용하므로 의문문을 사용하는 것도 일반적이지 못하다.

> What can I do to make sure that readers accurately estimate the value of my paper?

연구에서 얻은 결과가 매우 중요한 성과라면 제목은 다음과 같을 것이다:

> Res isoforms vary in their ability to activate raf-1 and phosphoinositide 3-kinase

하지만 대부분의 경우 제목에서 논문의 가치나 한계점을 표현하기에는 장소가 그리 적합하지는 못하다. 제목을 평범하게 정하라. 'reliable' 같은 단어는 추천할 만하지 못하고 'may/might/could' 같은 조동사도 그러하다. 논문에서 완성되지 못한 기대치를 언급하지 마라. 예컨대 만약 당신 논문에서 모든 substrates/systems/reactions 등에 대해 언급하지 않았다면 구체적으로 사용한 방법에 대해서만 언급하여라.

Science Research Writing
For Non-Native Speakers of English

유학생 및 과학자를 위한
영어논문 작성법 (수정판)

2011년 2월 10일 1판 1쇄 인쇄
2011년 2월 17일 1판 1쇄 발행
2012년 7월 30일 1판 1쇄 수정
원자명 Hilary Glasman-Deal
역자명 김성철 · 진병문
발행인 연규산
발행처 청범출판사
등 록 1991년 8월 13일 No. 5-282
서울시 노원구 공릉 1동 598-7
주 소 TEL : 971-5385
FAX : 977-8967
ISBN 978-89-88247-74-7 03400

가격 12,000원